A Brief History of
Jewelry Development

首饰
发展简史

唐一苇　闫黎　编著

化学工业出版社

·北京·

内容简介

首饰的使用历史悠久，经历数千年的发展和演变，首饰如今已经成为现代人生活中不可或缺的组成部分。本书分两部分，分别介绍了不同历史阶段中国首饰的历史变迁，详细介绍了不同时期的首饰材质和温室变化；古代埃及文明、古代希腊文明、古代罗马文明以及欧洲文艺复兴时期和当代的首饰设计与材质特征，并对不同文化和风格的首饰进行了对比和剖析。

《首饰发展简史》通过大量图片，配以文字，展现了古今中外不同历史时期、不同文明的首饰特征，尤其是设计与材料的选用，对于如今首饰设计师了解首饰的发展由来，设计出具有独特艺术价值和文化特质的精品首饰有明显指导价值。

图书在版编目（CIP）数据

首饰发展简史/唐一苇，闫黎编著．—北京：化学
工业出版社，2022.9（2024.11重印）
ISBN 978-7-122-41800-5

Ⅰ.①首⋯　Ⅱ.①唐⋯②闫⋯　Ⅲ.①首饰-历史-
中国　Ⅳ.①TS934.3-092

中国版本图书馆CIP数据核字（2022）第115196号

责任编辑：邢　涛　　　　　　　　　文字编辑：袁　宁
责任校对：宋　夏　　　　　　　　　装帧设计：韩　飞

出版发行：化学工业出版社（北京市东城区青年湖南街13号　邮政编码100011）
印　　装：涿州市般润文化传播有限公司
710mm×1000mm　1/16　印张13½　字数238千字　2024年11月北京第1版第4次印刷

购书咨询：010-64518888　　　　　　　　　售后服务：010-64518899
网　　址：http://www.cip.com.cn
凡购买本书，如有缺损质量问题，本社销售中心负责调换。

定　　价：88.00元　　　　　　　　　　　　　版权所有　违者必究

前言

　　首饰，伴随着人类文明而出现，见证了人类历史的发展。首饰不只是装饰人体的物品，更是一段历史和文明的缩影，它们反映出当时的审美特点、服饰文化、工艺水平和物质条件等重要信息，为当代人了解历史提供了可靠的证据。从首饰设计师角度而言，首饰的发展史就是一部人类的文明史，它们在漫长的历史长河中，向人们诉说着曾经的辉煌。

　　本书是笔者在多年讲授《首饰发展史》课程的基础上，经整理、修改、完善而成，可作为珠宝首饰专业（包括珠宝首饰技术与管理、宝玉石鉴定与加工和首饰设计与工艺等专业）的基础课程，旨在让进入珠宝首饰专业学习的学生对首饰发展的历史有一个整体的认识，了解不同时期各种首饰的品类和风格演变、首饰的工艺技术和特点等知识，拓宽学生的知识面，为今后各项专业学习打下文化理论基础。

　　纵观珠宝首饰发展的历史，其发展历程长、跨度区域广，如何理出一条清晰的脉络是编写本书所面临的首要问题。经过多次研讨和教学实践，本书采用分篇编写的体例，第一篇为中国首饰发展简史，按从古到今的年代顺序编写；第二篇为世界首饰发展简史，按早期繁荣的地中海各文明进而到珠宝历史浓厚的欧洲地区为主要脉络编写。本书由唐一苇和闫黎合作完成，其中中国首饰发展简史部分由闫黎执笔，世界首饰发展简史部分由唐一苇执笔，全书稿成后由唐一苇负责统稿、付梓。

　　在编写过程中，笔者由衷地感谢广州番禺职业技术学院珠宝学院的全体老师给予的帮助和指导，尤其是王昶教授亲自策划了本书的编写，并多次参加编写大纲的讨论，稿成后又予以审读，对本书的编写起到了重要的指导作用。笔者自知能力有限，书中不足之处请广大读者不吝赐教、多多批评指正。

唐一苇

2022 年 3 月 19 日

目录

第二部分　世界篇

第一部分

| 中 国 篇 |

第一章

原始社会

原始社会也称"原始公社"，是人类历史上第一个社会形态，发展阶段主要分为旧石器时代和新石器时代。原始社会形成的过程，也反映着人类产生的过程。原始社会延续了二三百万年，是截至目前人类历史上最长的一个社会发展阶段。社会生产力的主要标志是人类懂得使用石器工具和制造简单的生产工具，劳动的方式是相互间的简单协作（图1-1）。

图1-1　旧石器时代石器

原始社会的人们由于对环境认识的不足，早期常常把兽皮、动物犄角和骨头、小砾石等，佩挂在自己身体的某些部位，把自己装扮成动物的模样来迷惑对方。随着认识的不断提高，人们开始制作一些防身或攻击用的器物，以此可以来保护自己不受植物或猛兽的侵害，同时也可以抵御外族敌人（图1-2、图1-3）。

图1-2　骨针

图1-3　穿孔兽牙

第一节　原始社会的头饰

一、笄

笄，是古时人们用来束发或者固定弁或冕的。原始社会，古人依靠狩猎为生，为避免打猎时头发的缠绕和阻挡，他们将头发盘起，用木棍、树枝等加以固定，这木棍、树枝便成为笄的起源。原始社会早期，人类尚不存在审美观念，同时也缺乏美化自我的能力。男女老幼都披散着头发，任其自然生长，所以在原始社会的墓葬中，串饰和挂饰远比笄要常见。由于原始社会早期生产技术的限制，对玉石等一些坚硬的材质难以加工，最早笄的材质大多以竹木质为主，在贵州省普定穿洞旧石器时代晚期遗址中出土了骨笄。我们现今能见到的原始社会的笄大都是出土自新石器时代的墓葬中，以玉、石、骨质为主，其中以骨笄最为常见（图1-4、图1-5）。除此之外，还有少量陶笄、角笄、蚌笄等。起初，笄的式样比较简单，常见的主要有圆锥形，即横断面呈圆形或近圆形，一端平直，一端尖锐；扁锥形，横断面呈弧形、椭圆形或长方形，笄首扁平，笄尾尖锐；梭形，横断面呈圆形或扁圆形，笄身两端均磨成尖锐状。随着加工技术的改进，又相继出现了雕饰形笄，即笄首雕刻立体纹饰，造型多样，图案复杂；复合型笄，即笄首与笄身均为组合插接，笄首装饰松石或骨珠。距今约 6700 ～ 6000 年的新石器时代的西安半坡遗址就曾出土 700 余件骨笄。山西襄汾新石器时代墓葬中发现过一具头插骨笄的女性骨架。大汶口遗址曾出土骨笄 16 件、石笄 12 件、玉笄 2 件。新石器时代马家窑文化中，在甘肃永昌鸳鸯池出土的一枚镶骨珠骨笄，笄身为圆锥形，骨笄帽表面镶有一层厚厚的黑色胶质物，胶质物一周镶嵌着 36 颗白骨珠，顶端镶有一个刻有同心圆的骨片，制作工艺精美，开创了我国镶嵌工艺的先河，也表明先民们的物质生活条件有了极大的改善（图 1-6）。

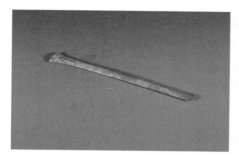

图 1-4 骨笄

图 1-5 龙山文化——玉笄

图 1-6 马家窑文化——镶骨珠骨笄

二、梳篦

梳篦，又称栉，是中国古代八大发饰之一。汉代许慎《说文解字》有云："栉，梳篦之总名也。"梳篦是古人重要的日常用品，古人为了不让散乱的头发妨碍自己的生产活动，早在新石器时代中晚期，人们就已经开始整理自己的头发。这时的梳子大多是人的手指，最初的梳子就是仿照人手做出来的。梳篦成为每日人们梳理头发的必备之物，甚至一度形成发间插梳的风气。栉下面有齿，上面有背，齿有疏密，梳子齿距疏松一些，用于头发的梳理；篦子的齿距密一些，用来篦去发间的污垢，保持头发清洁，不长寄生虫。梳理完头发，人们便随手将梳篦插在发髻上作为装饰。新石器时代的栉齿都很疏，出土的有骨梳、石梳、玉梳、牙梳。

山东泰安大汶口遗址出土的象牙梳，由象牙制成，竖长方形，有十六个细密梳齿，齿端较薄，把面稍厚，上面镂刻由三道平行条孔组成的"8"字形，内填"T"字形的图案；近顶端有三圆孔，顶端刻四个豁口；高16.7cm。这是罕见的史前手工艺珍品，反映出大汶口文化牙雕工艺的高超（图1-7）。浙江杭州余杭区发掘的一件良渚文化时期玉梳背，通高10.5cm，玉背顶宽6.4cm，梳上宽4.7cm、厚0.6cm，下半部分镶嵌梳齿，造型独特，纹饰精美。整个形体是倒梯形，上窄下宽，质地为良渚文化常见的湖绿色玉质，温润细腻，土沁成花白，内外通透。在整个玉梳背中，顶部有阴线细刻席纹与云雷纹的组合纹饰，这些细微的纹理，已经充分反映出当时

图1-7 大汶口文化——象牙梳

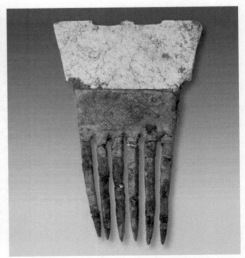

图1-8 良渚文化——玉梳背（一）

良渚人的手工技艺已经达到了空前的高度（图 1-8）。目前太湖流域各地考古出土的良渚文化玉梳背，总数已经超出 60 件，整体平面造型可分为"凹"字形与"凸"字形两类。两类梳背的底部或扁榫上，几乎都有 2～5 个均衡分布的横向销钉孔，采用阴文刻或镂雕与阴线刻相结合的纹饰，制作精美。其代表作是浙江省余杭反山出土的十六号玉梳背，通高 5.27cm，最宽处 10.34cm，厚 0.4cm，是已知玉梳背中最为宽大的一件。背体两面遍布镂雕结合阴线刻的神人兽面纹。居中为重圈眼、蒜状鼻、宽嘴獠牙、下肢蹲踞的兽面纹，兽面两侧是两个相向的侧面神人纹。此件玉梳背纹饰巧妙，与形体结合相得益彰，堪称良渚文化玉器高超制琢技艺的代表作（图 1-9）。

图 1-9　良渚文化——玉梳背（二）

三、束发器

束发器主要出土于山东中南部地区，在泰安大汶口文化的原始居民中，其中 19 座墓葬中共出土 21 对半，同属大汶口文化的山东邹城野店遗址中也出土有 4 对，是大汶口文化典型器物。其外形呈新月形或镰刀状，基本以成对的猪獠牙制成，一端较宽，宽端一般都钻有一个到多个小孔，出土时位置都在墓主前额或头部附近（图 1-10）。束发器佩戴者无性别区分，男性和女性皆可佩戴。在大汶口晚期的男女合葬墓中，有女性墓主头戴束发器居于男性墓主一侧，而男性墓主一侧则集中了大量随葬品的现象。在随葬品集中于男性的同时，女性佩戴束发器的比例一直在增加。可见，在大汶口文化晚期，女性不仅开始成为男性的附庸，同时束发器作为身份的标识，女性地位已经开始居于父权之下。

　　原始人类佩戴装饰物，绝不是单纯为了审美需要，而大多数是与巫术有关。对于这类器物的认识主要有以下几种观点。①护身辟邪之类的瑞符；②为了获得野兽奔跑迅疾等特征，增添精力。原始男性，将野猪獠牙佩戴在头顶，悬挂在胸前，一是为了借助野猪的凶猛，二是向异性宣告自己的捕猎能力，是象征主人勇猛、强壮、威武的标志。

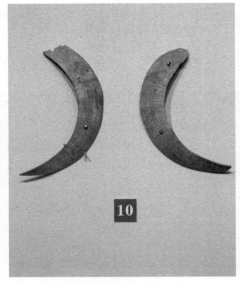

图 1-10　大汶口文化——束发器

四、其他

　　原始社会头部饰物除了几种典型种类外，也会出现一些其他类型，它们均出土于墓葬主人头部及周围。马蹄形玉箍是红山文化玉器中典型的器物之一，距今5500～5000年，因为它的形状像马的蹄子，因此而得名（图1-11）。扁圆筒状，一端作平口，一端为斜口，平口两侧各有一小孔，斜口外敞，制作此器是采用管钻法，相当费时费工。马蹄形玉箍究竟是怎样的用途？有人认为是护臂器或祭祀中的乐器，但多数学者推测为束发器，因出土时一般置于头骨下。还有学者认为，玉箍形器上下贯通，其一端设计为斜口朝向天空，是要最大限度地寻找天与地、人与神联系沟通的切入点，也便于神灵的自由出入，马蹄形玉箍就是红山人祭祀的通天器，与良渚文化的玉琮相同，具备琮的功能与作用，这种礼器又代表了墓主的身份、地位和等级。

图 1-11　红山文化——马蹄形玉箍

在良渚文化墓葬中，人骨头部经常出土一种三叉形器，是良渚文化玉器中造型最为独特的器物。因器物上有三个并列的枝叉而得名，其基本形制为下端圆弧，上端为对称的方柱体平头三叉，出土时中叉的上方紧连一根长玉管，往往还有成组而出的，若干件玉锥形器同三叉形冠饰相邻或叠压。因此，三叉形冠饰、长玉管和呈集束状的锥形器，是配套组装成整件使用的。有的器物还雕刻着神秘、复杂的纹饰，蕴含着原始人类想与天地沟通的思想内涵（图 1-12）。

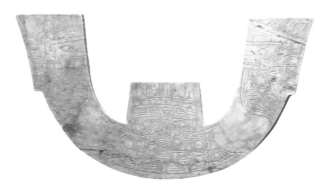

图 1-12　良渚文化——三叉形器

第二节 原始社会的耳饰

一、玦

玦是中国最古老的玉制装饰品，它为圆环形状，表面上有缺口。《白虎通》记载："玦，环之不周也。"玦，是新石器时代最常见的耳饰之一，由于新石器时代还没有成熟的冶金工艺，因此此时出土的耳饰以玉石材质为主。在距今8000年左右的内蒙古自治区敖汉旗兴隆洼遗址，发现一些玉玦成对地出现在墓主人周围，这很可能是人类历史上已知最古老的耳饰。在不断的考古发掘中，全国很多省份都有玉玦的出土。如距今7000多年的浙江余姚河姆渡文化和甘肃秦安大地湾文化；距今6000多年的上海青浦马家浜文化和江苏吴中草鞋山文化；距今5000年前的内蒙古红山文化、浙江良渚文化、安徽含山凌家滩文化；距今4000多年的江苏南京北阴阳营文化、四川巫山大溪文化、广东曲江石峡文化、中国台湾省的卑南文化；其后的夏、商、周、春秋战国时期的墓葬中，也都有大量的玉玦出现。新石器时代的玦，大多为素面无纹，只有少量有刻纹。玦既可以作为耳饰，也可以作为配饰、臂饰、器具等。从佩戴群体来看，有成年的男性、女性，甚至也有儿童。当时佩戴玉玦讲究双耳佩戴，在墓葬中一般都成对出现。依据考古发掘出土的器物来看，玦大致可分为扁体环形、凸纽形、管柱形、圆珠形、兽形、玦口连接形等造型，也有像台湾卑南遗址的人形玦和奇特罕见的异形玦等，更有复杂成套的组玉玦（图1-13、图1-14）。环形扁体玦是玦中最为常见的一种，大致包括方环形扁体玦、圆环形扁体玦（图1-15）。凸纽形玦是指器身外缘带有凸纽装饰的玦，多为玉、石质或玻璃质地，广泛分布于越南、菲律宾、泰国等地。在我国两广、香港、台湾和闽浙等地区也发现有这种凸纽玦。圆管形玦外形似圆管体，一侧有纵向切口，这类玦出土数量较少，但起源很早。圆珠形玦外形似圆珠，腰部较两头饱满，整体造型浑圆简洁，出土存世数量也较少。兽形玦借鉴自然界客观存在的动物形状设计成圈状，属于玦中装饰精美、制作精良的一类，可彰显墓主人的身份地位。较有代表性的为红山文化中出土的玉猪龙，肥首大耳，吻部平齐，身体首尾相连，成团状卷曲，背部对钻圆孔，面部以阴刻线表现眼圈、皱纹，整体造型似猪的胚胎（图1-16）。

图1-13 玉翼形玦（台湾史前文化博物馆）

图1-14 玉单人形玦

（台湾史前文化博物馆）

图1-15 圆环形扁体玦

图1-16 红山文化——玉猪龙

二、珰

新石器时代的另一耳饰品种，一般称之为耳珰，指的是嵌入耳垂穿孔中的饰物。圆筒形耳珰或是起源于新石器时代，材质有：陶、煤精、骨、石、玉和水晶等。总体上来说，新石器时代的耳珰数量不算很多，远不及耳玦普及。其中北京平谷上宅遗址出土了陶质和石质耳珰，安徽凌家滩遗址有发现水晶耳珰，而玉质耳珰多出土于长江下游。

三、耳坠

耳坠，是在原始社会冶金工艺尚未成熟之际，大多以绳带穿系于耳洞，垂挂于耳垂之下的一种饰物。新石器时代的耳坠形制简单，大多以简单的几何形状为主，素面无纹，耳坠上部穿有小孔，以便用绳子穿系佩戴。在辽宁省牛河梁红山文化遗址中出土过一对绿松石鱼形耳坠，属于新石器时代晚期的精品之作。坠饰呈片状，头部各钻一圆孔，既是鱼眼，又为坠孔，设计精巧别致，做工精湛（图1-17）。

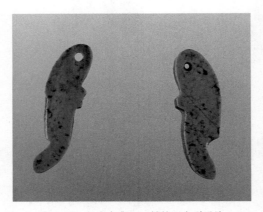

图1-17　红山文化——绿松石鱼形耳坠

❧❧ 第三节　原始社会的颈饰 ❧❧

一、玉璜

璜是一种出现较早，分布较广的史前玉饰。从文献记载来看，玉璜大致为半圆形，平直的一边中心有半圆孔。玉璜，在中国古代与玉琮、玉璧、玉圭、玉璋、玉琥等被《周礼》一书称为是"六器礼天地四方"的玉礼器。六器之中的玉璜、玉琮、玉璧、玉圭等四种玉器，历史最悠久，早在距今7000多年的新石器时代萧山跨湖桥遗址中就已出现。在良渚文化中，玉璜是一种礼仪性的挂饰。每当进行宗教礼仪活动时，巫师就戴上它，它经常与玉管、玉串组合成一串精美的挂饰，显示出巫师神秘的身份（图1-18、图1-19）。

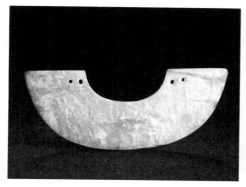
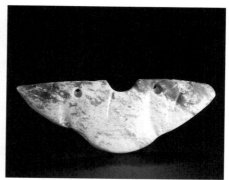

图 1-18 良渚文化——玉璜（一）　　　图 1-19 良渚文化——玉璜（二）

　　距今 7000 年至 6000 年，玉璜的出土地点仍集中在长江下游宁绍平原的河姆渡遗址。距今 6000 年前后，玉璜在黄河流域中游的仰韶文化遗址、黄河下游的大汶口文化早期遗址、长江流域中游的大溪文化遗址、长江下游的马家浜文化中晚期遗址及河姆渡文化的晚期遗址中都有发现，玉璜的使用地区和族群有了很大的扩展。这一时间段出土的玉璜，大都承袭早期的条状半环形或不足半环形，有少数桥形璜出现，而且均是两端穿孔，可见在这一时期对璜的形制有了基本的规范。距今 5000 年左右，玉璜在以上地区的延续文化系统中依旧得以沿用，即黄河中游地区的庙底沟二期文化遗存，下游的大汶口晚期文化遗存，长江中游地区的屈家岭文化遗存、下游的崧泽文化遗存。这一时期的玉璜主要以半环形、桥形为主。距今 4000 年左右，玉璜的使用扩展到了黄河上游的齐家文化遗存，中游的后岗二期文化、陶寺文化遗存，下游的龙山文化遗存亦有玉璜沿用。在长江流域，玉璜的出现最上游到达了长江源头附近的卡诺文化遗存，中游的青龙泉三期文化和石家河文化遗存也有出现，在下游地区良渚文化遗存中，玉璜的制作、使用都达到了极度繁荣的阶段，玉璜多呈半璧形，且雕刻复杂的兽面纹饰，另有通体镂雕的玉璜出现。在良渚文化的墓葬中玉璜出现了礼器使用的雏形（图 1-20、图 1-21）。

图 1-20 崧泽文化——玉璜（一）　　　图 1-21 崧泽文化——玉璜（二）

二、组合类颈饰

组合类颈饰由串珠、管、璜、各类牌饰、锥形器及其他饰物搭配串制而成，形制精美，制作考究，常见于权贵大墓。有些组合颈饰的珠、管形态各异，色彩斑斓。此外，玉璜也是组合颈饰中非常重要的部分。玉璜除了可以单独佩戴之外，也可以与管、珠、锥形器等组合成非常精美的颈饰（图1-22、图1-23）。

图1-22　组合类颈饰（一）

图1-23　组合类颈饰（二）

先秦时期

• • • • • • •

先秦（公元前 21 世纪—公元前 221 年），是指我国从进入文明时代直到秦王朝建立前这段历史时期，先秦经历了夏、商、西周，以及春秋、战国等历史阶段。先秦是中国历史上自原始社会进入文明社会的重要历史阶段。在长达 1800 多年的历史中，中国的祖先创造了光辉灿烂的历史文明，其中夏商时期的甲骨文，殷商的青铜器，都是人类文明的历史标志。

第一节　先秦时期的头饰

一、笄

中华先民用笄习俗沿袭久远，从新石器时代的早期遗址，到夏商周时期的墓葬，几乎都发现了笄的存在。发笄的使用，历史悠久，且非常普遍和大众化，式样也随着社会的发展而不断改进与多样化。华夏族的成年礼为男子冠礼，女子笄礼。经书记载，实行于周代。按周制，男子二十岁行冠礼。《礼记》："冠者，礼之始也。"从周代起，女子年满十五岁便算成人，可以许嫁，谓之及笄。如果没有许嫁，到二十岁时也要举行笄礼，由一个妇人给适龄女子梳一个发髻，插上一支笄，礼后再取下。笄在不同的场合使用，按照礼制，其材质也有具体的使用规定，大致可分为吉笄、恶笄，二者区别在于质料及装饰上。吉笄，古代指行吉礼时所用的发簪。恶笄，古代服丧时所用以竹、木等制成的簪子，与用象骨制的"吉笄"相对。吉笄、恶笄的区别在于：第一，质料有别，吉笄用象牙、玉、骨等，恶笄用桑木、榛木、篠竹等。

第二，装饰有别，吉笄有首，笄首有各种装饰；恶笄不能使用装饰。

　　夏代的笄制作比较简单，以圆形平顶居多。商代则是应有尽有，有钉形、刻花、锥形等，到了商代中晚期出土的骨笄，有凤头、钉形、锥形等，还出现了墨玉笄。殷墟出土的笄数量可观、种类多样，有盖状顶、牌状顶、羊字形顶等。1976年妇好墓出土骨笄499件，种类繁多，保存完好。有夔形、鸟形、圆盖形、方牌形、鸡形等笄头。另有玉笄28枝，绿松笄2枝，骨制贴绿松石薄片1枝（图2-1～图2-4）。就发笄的材质来看，史前主要采用骨、木、竹、玉等，到商周时期，出现铜、银、金等金属材质。从考古资料中也可以看出，不同质料的笄所反映的地位差别。平民墓中多出土骨笄、玉笄、金属笄，笄首雕刻复杂的骨笄一般出现在大夫级以上墓葬中。西周时期的笄主要出土于陕西省长安沣河两岸，周代都城丰、镐遗址出土了大量的笄。如张家坡遗址出土的骨笄达700多件，大都磨制精细，有的还雕刻有鸟形或镶嵌绿松石。在先秦墓中，通常会用1或2笄，3枚以上的并不常见，往往和各种管、珠、贝等组合使用。

图2-1　锥顶活帽骨笄

图2-2　玉笄

图2-3　鸟首形骨笄

图2-4　高冠鸟体形方格纹骨笄

二、梳篦

　　梳篦是整理头发和胡须的用具，夏商周时期，梳篦的制作开始专门化，出现了专门制作梳篦的工匠。夏商时期，梳子的形式更为美观。特别是商代考古出土大量骨梳和玉梳，长把、短齿，式样讲究、做工复杂，梳背上浮雕或透雕有动物纹、云气纹、几何形纹等。安阳妇好墓出土的一把骨梳，背面平直，背正中刻有一只小鸟，身呈扁方形刻有兽面纹饰，左右两侧镂出棱脊齿纹，下面用一条曲折纹边与梳齿相隔。西周时代的梳子，形状多样，有长方形、马蹄形、联背形等，造型十分多样，材质比之前也更为丰富，甚至还出现了专门盛放梳篦的箱盒器具。西周梳篦梳齿均较商梳偏长，可能与流行高髻有关。商代晚期和西周时期开始出现铜梳。山西石楼出土的商代晚期铜梳，高约 11cm，梳背有鸟形饰，握手处装饰回纹，共 13 齿，这是目前所见年代最早的金属发梳。在山东滕州庄里西一座东周墓葬中发现一件象牙梳，放置在铜鼎内，梳背和梳身由榫卯结构组合而成，梳背为桥形，上面有两只对称的小鸟，梳身呈梯形，梳齿排列均匀。春秋战国时期，梳篦背部凸起逐渐消失，造型逐渐演变为半圆梳背、方平梳齿，如马蹄状（图 2-5、图 2-6）。

图 2-5　虎形背兽面纹玉梳

图 2-6　玉梳

❧❧❧ 第二节　先秦时期的耳饰 ❧❧❧

一、玦

商周时期，黄河流域的中原地区居民开始在耳部佩戴饰物，如四川广汉市三星堆出土的商代青铜人头像，两耳均有穿孔；安阳妇好墓出土玉玦 18 件，有素面、龙纹、虺纹环形玉玦（图 2-7）。西周后，玦作为耳饰比较普遍，国君级和大夫级出土数量较多，质地良好且纹饰精美，蟠虺纹、云纹、兽形玦数量增多。山东曲阜故城 11 座西周墓葬出土玉质或石质玦，北京琉璃河西周燕国墓也有玉玦出土。春秋时期珙的出土数量较西周有所减少，如上村岭虢国墓地出土的玉珙和石珙，以1件居多（图2-8、图2-9）。新石器时代出土的珙以耳饰居多，进入商周之后，珙的用途发生改变，除了少量依旧作为耳饰外，绝大多数向配饰和礼器转变。至战国时期，珙多用于配饰，珙作为耳饰使用至战国时期基本结束。珙在南粤及西南边陲少数民族地区的使用一直延续到汉代（图2-10）。

图2-7　龙形玉珙

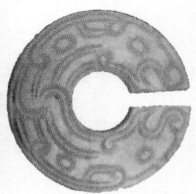

图2-8　缠尾双龙纹玉珙（一）

图2-9　缠尾双龙纹玉珙（二）

图2-10　管柱形玉珙

二、耳环、耳坠

环是悬于耳部的一种饰物，多以金属为材料。夏家店下层文化遗址中，出土了大量的铜耳环和少量金耳环（图2-11）。早期的耳环依据形状大致可分为三种类型，即圆环形、椭圆形和扁喇叭形。在天津蓟州张家园遗址中，发现有四座墓葬，其中三座均出土金耳环一对，出土的黄金耳环，皆发现于墓主头骨两侧。在山西西部和陕西北部的商代、西周墓中，陆续出土了一种黄金饰片，由两块较薄的纯金片打制而成，上部穿有绿松石，耳饰主体部分形状卷曲如云朵，金碧辉煌，视觉上颇为华丽。先秦时期的耳坠大多出土于北方匈奴地区与西北新疆一带的墓葬。此时耳坠的制作已经比较精良，大多为黄金制，多数镶嵌绿松石，这一时期的耳坠除了普遍镶嵌有绿松石外，还喜爱下坠几片黄金叶片，或金珠、金丝缠绕造型，与汉魏时期步摇多有相似之处（图 2-12、图 2-13）。

图 2-11 金耳环

图 2-12 金穿绿松石耳饰

图 2-13 金镶绿松石耳坠

第三节 先秦时期的颈饰

一、项饰

夏代出土的项饰中大多数为绿松石质地，也有少量金属镶嵌质地项饰（图

2-14）。偃师二里头遗址出土的颈饰以串珠项链居多，1980 年发现的 M4 贵族墓中出土了几件绿松石串饰，胸前还有一件圆形铜片饰，四边镶嵌 60 余块长方形绿松石，工艺精良，造型生动。到了商代，物质生活的丰富性远远超过了夏代，贵族生活的奢靡之风日渐增加，颈饰种类多，工艺精美之程度使人叹为观止。商代颈饰材料中，玉、绿松石、玛瑙等逐渐取代了兽牙、贝壳等动物质地的颈饰，其中以玉质颈饰最为普及。商代的项饰在造型上也更趋近于生活，动物类造型明显增多。其中鸟类的品种和形象尤为突出。在制造技术上更加纯熟，造型流畅，将线刻、浮雕等技艺融合在一起，增加了玉器的立体感。两周时期的墓葬中出现了金银颈饰品，出土于内蒙古阿鲁柴登战国中期墓中的金珠项饰，由 91 粒金珠串成，为匈奴贵族所佩。新疆乌鲁木齐市阿拉沟古墓葬 M29 出土了一条金项链，该项链下缀有 6 个完好的金坠饰，坠饰与项链相连处有圆柱形玛瑙，有着浓郁的地域特色（图 2-15、图2-16）。

图 2-14　绿松石串饰

图 2-15　金珠项饰　　　　　　　图 2-16　金项链

二、组玉佩

进入周代，随着奴隶制经济的繁荣，周王为了维护统治，建立礼制，体现等级身份的衣冠服饰是其中非常重要的一个方面。这其中组玉佩，成为展示身份非常重要的组成部分。玉佩实际上是当时调整步态的一种工具，有着禁步的实际功能。周代常以组玉佩中玉件互相碰击的声音作为步伐的节度，身份地位越高的人，步行要越慢越短，这样才能显出风度和尊严。组玉佩一般是由璜、环、琥、珠等不同形状玉件用彩线加玉珠穿组，合成一串，系挂腰间和颈项的一种大件玉佩饰。佩戴数量的多少、质量的高低，能显示出不同人的等级、身份，身份越高，组玉佩越复杂越长，反之，则相对简单短小。人们佩戴组玉佩，不只是出于纯粹的装饰目的，更是由于玉具有坚硬、润泽的属性，因此被当时文人雅士看成是对标君子完美品德的象征。山西省曲沃县晋侯墓 M31 出土的六璜联珠组玉佩，出土时位于墓主人的胸部，由 408 件玉璜、料珠、玛瑙珠组成。玉璜之间串以绿色料珠和红色玛瑙珠，玉璜镂空装饰并雕琢龙纹（图 2-17）。山西省曲沃县晋侯墓 M31 出土的西周组玉佩，是由玉牌、冲牙、玉管、玛瑙珠组成。玉牌平面呈梯形，中心有一孔，玉牌双面用阴线双勾雕琢鸟纹；组玉佩中部和下部共有蚕形冲牙 4 件，上面雕琢有旋纹，其间夹用红色的玛瑙珠、玉管联缀（图 2-18）。山东出土战国时期组玉佩，是由玉环、玉管、玉珠与夔龙形玉饰组成，最上方以一枚玉环为挈领。玉环下分两行串系：上方为鼓形玉管，其次是扁圆形珠，下面串系圆柱形玉管，呈对称状。最下方垂系一件横向卷曲的玉龙，雕琢精致，结构巧妙（图 2-19）。

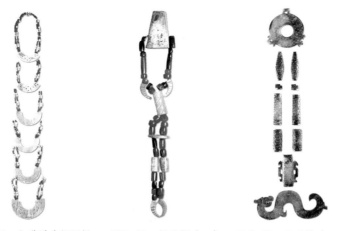

图 2-17 六璜联珠组玉佩   图 2-18 组玉佩（一）   图 2-19 组玉佩（二）

第三章

秦汉时期

······································ • ································· • ·······················

秦朝（前221年~前207年）是由战国时期的秦国兼并其他诸侯国发展起来的中国历史上第一个统一的封建王朝。前221年，嬴政称帝，史称"秦始皇"。秦末农民起义，刘邦战胜项羽并称帝建立汉朝，定都长安，史称西汉。公元25年刘秀重建汉朝，定都洛阳，史称东汉。到现今，"汉人"仍为多数中国人的自称，而华夏族逐渐被称为"汉族"，华夏文字亦被定名为"汉字"。

第一节 秦汉时期的头饰

一、冠

秦统一中国后，彻底废除了周礼，冕服制度在吸取各诸侯国服饰的基础上实行了新的统一。到了汉代，则做了更加详细的规定。其中冕冠中冕旒的多少和材料的差异是区分贵贱尊卑的标志。因为在汉代，冕冠并非只有帝王一人可以戴。汉冕为一块长一尺二寸、宽七寸的木板，上为玄色，下为纁色（浅红色），后比前高一寸，有前倾之势，基本形式与周代大体相同。帝王的冕冠用十二旒，即十二条白玉制成的串珠，前垂四寸，后垂三寸。皇帝以下诸侯及各级官吏用九旒、七旒、五旒、三旒，随职位不同而不同（图3-1、图3-2）。

二、簪

秦汉以后，笄就大多称簪了。汉代时，在平民百姓中竹木发簪仍在使用，有

图3-1　玄衣纁裳

图3-2　冕冠

"中衣聂带竹簪"之句。这时以玉石制作的玉簪最为珍贵。河北满城西汉中山靖王刘胜及王后窦绾墓葬，出土了一支刘胜所戴的玉簪，玉色乳白，光洁无瑕。簪首透雕着凤与卷云纹，末端刻鱼首，有圆孔可以悬挂坠饰。那时的玉簪还有一个别名称为"玉搔头"。刘歆《西京杂记》所记："武帝过李夫人，就取玉簪搔头。自此后，官人搔头皆用玉，玉价倍贵焉。"汉代早期流行的椎髻发饰，没有在头顶束髻，所以很少插戴发簪。到了东汉，一时流行马皇后的四起大髻，妇女们才开始盛行高髻。河北定州43号汉墓出土一件掐丝金龙（龙形金簪首），腹部用金片镂空作鳞片，卷作茧状，嵌在龙颈上，其上用金粟粒与绿松石加以装饰。马王堆三号墓出土的一件附镊角簪，簪头为尖锥形，一头为可以随意取下和安装的镊片，中间为执手的柄。锥柄相接处雕成鸟头状，柄上刻多种几何纹（图3-3、图3-4）。

图3-3　掐丝龙形金簪首

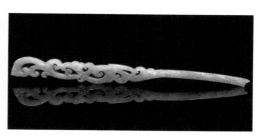

图3-4　白玉簪

三、擿

在汉代出土物中，有一种扁平细长且一端有细密长齿，外形有些像窄而长的梳子，却又不适于梳发的饰物，与簪钗类也不尽相同。据考证，它是簪发的擿，是女子头上一种类似簪钗的安发之物。擿其功能有三：一能装饰，相当于簪钗的功能，马王堆汉墓中辛追插戴的擿，端首系有木质装饰叶片；二能固发，用来收束固定发髻；三能"洁发"，古时洗发不便，常用梳篦或擿来去除发垢，解除头皮瘙痒。湖北江陵九店东周墓出土三件竹擿，其中一件由一块光素无纹的长竹片削出三齿，出土之时仍插于发髻上。长沙马王堆汉墓中，墓主人的发髻上就插有玳瑁质、角质和竹质的长擿三支（图3-5、图3-6）。

图3-5　角擿 　　　　　　　　　　　　　　图3-6　竹擿

四、胜

胜是中国古代妇女发饰中流传久远的饰物。在最早的文字记载中，"胜"是古代传说中西王母所常用的饰物。《山海经·西山经》："又西三百五十里，曰玉山，是西王母所居也。西王母其状如人，豹尾虎齿而善啸，蓬发戴胜。"从制作材料的不同来区分，胜的种类很多，材质往往以金、玉为主。形态是中间圆形如鼓，上下各有一对翅膀形装饰。湖南长沙五一路汉墓就有金胜出土，形状与汉画像中的西王母所戴的胜极为相似。江苏邗江甘泉汉墓中还出土了几件造型是由三件小胜组合而成的扁平状金胜，十分精美（图3-7～图3-10）。

图3-7　玉胜 　　　　　　　　　　　　　　图3-8　玉叠胜

图 3-9　金叠胜

图 3-10　金胜

第二节　秦汉时期的耳饰

一、耳坠

在汉代的东北地区出土较多的是一种以金属丝缠绕而成的耳坠，根据形制和复杂程度大致可分为拧丝坠圆环形耳饰、拧丝坠螺旋纹片耳饰、拧丝扭环穿珠耳饰和拧丝扭环穿珠缀叶耳饰，多为鎏金、包金、铜等几种材质。这些耳饰大多都是由金属丝拧制而成，或拧绕成圆盘、盘旋状花饰或卷成左右对称的螺旋纹花饰，有些下缀玛瑙、绿松石或玉石等，造型别致，特征明显。在商都县东大井鲜卑墓地、内蒙古察右后旗三道湾鲜卑墓地、宁夏倒墩子匈奴墓地等均有其身影（图 3-11 ～图 3-14）。另外，由于汉代与西域、匈奴地区诸民族多有交流，当地所流行的牌形耳饰也有出土。这种牌形耳饰是以金银做出各种花形，再镶嵌各色宝石，其形制与中原地区所流行款式大为不同。内蒙古鄂尔多斯市准格尔旗西沟畔 4 号汉代墓葬，出土过一组华丽的耳饰，为一双金镶玉牌耳饰，背面焊接弯曲的细钩用以佩戴（图 3-15）。新疆吐鲁番市交河沟西一号墓地出土的金镶绿松石耳饰，其造型为牛头形金质框架，内镶嵌绿松石和白色玉石，背面同样焊接一弯曲状的细钩用于佩戴（图 3-16）。

图 3-11　螺旋纹耳饰

图 3-12　金拧丝耳饰（一）

图 3-13　金拧丝耳饰（二）

图 3-14　金拧丝耳饰（三）

图 3-15　金镶玉牌耳坠

图 3-16　金镶绿松石耳饰

二、瑱

　　戴瑱之风在原始社会已经出现，至秦汉时期也一直有延续。据出土文物推断，瑱的形制是两端呈喇叭状，中间收细的腰鼓形耳饰。先秦的瑱材料多为玉质，随着玻璃工艺的出现，战国时期的墓葬中已经有玻璃瑱的出现。之后，除了玻璃材质的大量出现，也逐渐有了玛瑙、金属质地的汉代的瑱出土。

隋唐五代时期

到了隋唐五代时期，发展到了一个全面繁荣的新阶段。从公元581年隋朝建立，到907年唐朝灭亡，是我国历史上著名的隋唐盛世，公元907年，朱温灭唐自立，历史进入了五代十国时期。直到公元960年，北宋王朝建立，国家由分裂重新走向统一。这380年是中国封建制度继续发展并达到繁荣昌盛的时期，也是中国封建社会的第二个鼎盛期。隋唐时期，采取开放政策，不仅大量吸收外域的有用文化，而且将中国繁荣发达的传统文化传播到世界各地。文化政策相对开明，文学艺术百花齐放、绚丽多彩，诗、词、散文、传奇小说、变文、音乐、舞蹈、书法、绘画、雕塑，都有巨大成就，并影响着后世与世界各国。

第一节　隋唐五代的头饰

一、男子头饰

公元589年，隋文帝杨坚统一中国，结束了自汉末以来360多年分裂的政治局面。隋文帝厉行节俭，衣着简朴，不注重服装的等级尊卑，经过20来年的休养生息，经济有了很大的恢复。到公元605年隋炀帝即位，崇尚奢华铺张，为了宣扬皇帝的威严，恢复了秦汉章服制度。南北朝时按周制将冕服十二章纹饰中的日、月、星辰三章放到旗帜上，改成九章。隋炀帝又将它们放回到冕服上，也改成九章。将日、月分列两肩，星辰列于后背，从此"肩挑日月，背负星辰"就成为历代皇帝冕服的既定款式（图4-1）。

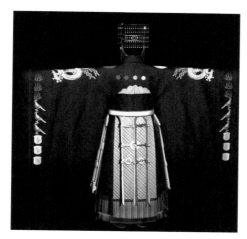

图 4-1　冕服

　　汉代的通天冠样子和进贤冠相近。隋朝根据不同场合，男子头饰分为通天冠、远游冠、鹖冠、皮弁等。隋炀帝戴的通天冠，上有金博山等装饰。他戴的皮弁也用十二颗珠子装饰，并根据珠子的多少表示级位高下。天子皮弁十二琪，太子和一品官九琪，下至五品官每品各减一琪，六品以下无琪。文武官朝服绛纱单衣，白纱中单，绛纱蔽膝，白袜乌靴。所戴进贤冠，以官梁分级位高低，三品以上三梁，五品以上二梁，五品以下一梁。谒者大夫戴高山冠，御史大夫、司隶等戴獬豸冠。祭服玄衣纁裳，冕用青珠，皇帝十二旒十二章、亲王九旒九章、侯八旒八章、伯七旒七章、三品七旒三章、四品六旒三章、五品五旒三章、六品以下无章（图 4-2、图4-3）。

图 4-2　三梁进贤冠

图 4-3　《虢国夫人游春图》（局部）戴幞头的男子

二、女子头饰

1. 义髻

唐朝繁盛时期盛装打扮的女性往往喜爱梳高髻，为了打造这种高耸的发髻，义髻——这种古代人的"假发"承担着功不可没的作用。义髻从魏晋南北朝时期就已经出现，唐朝阿斯塔那张雄墓出土了大量木漆制作的义髻，同时出土的还有单刀翻髻、螺髻等。在敦煌莫高窟的壁画上，很多女供养人梳的回鹘髻也是假发。

2. 花钿

花钿又叫花子、媚子，是一种花形的薄片，女人们常用它来装饰面容，如将它贴在眉心，或将它施于面颊两边，称为"花黄"。有关它的来源，众说纷纭。在《事物纪原》卷三引《杂五行书》中说：南北朝时宋武帝的女儿寿阳公主正月初七"人日"这天，在含章殿檐下休息，当时正逢梅花盛开，微风吹过，一朵梅花飘落在她的前额上，渍染出一朵五瓣的小花印，擦不掉拂不去，洗了三天方落去。寿阳公主的梅花妆使宫中女子惊羡不已，争相效仿。而唐代段公路在《北户录》中则说：武则天当政时，上官婉儿为了掩盖自己脸颊上的刀痕，自制了一种漂亮的花片来掩盖，一时成为时髦的"花子"。又有专家考证花钿的出现兼受印度与中亚的影响，是模仿佛像额前的装饰而来。不管怎样，美丽小巧的花钿被女人贴在额头、两颊，挂在簪钗上或安上一支细柄插在发髻里，有时还用在衣服和鞋子上作为装饰，几乎成了妇女装饰中必不可少的饰物。流行于魏晋南北朝时期的花钿，在唐至五代达到了一个高潮（图4-4、图4-5）。

图4-4　萧皇后礼服冠（复原件）　　　图4-5　萧皇后礼服首饰单树花（复原件）

　　华美的花钿在唐朝有了很大发展，有多个地方出土了各式各样的花钿，如琉璃材质的牡丹花钿片，压印得非常薄的金钿。这类花钿一般情况下戴在发髻正中。这种花钿有的右面有钗梁，可以直接固定在发髻上；有的有孔，需要用发簪固定在发髻上。花钿有的时候并不牢固，出行的时候经常有脱落的现象，以至于在古代出现了一种特殊的职业"扫街"，就是专门在大街上捡贵妇们掉落的花钿等珠翠（图4-6、图4-7）。

图4-6　各式花钿（一）

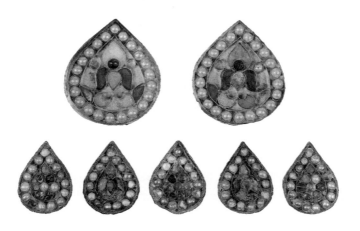

图4-7　各式花钿（二）

　　唐代贵族十分喜爱佩戴花钿，唐朝的仕女画中女性经常佩戴各式各样的花钿。如张萱《捣练图》中女子乌黑的秀发上一圈花钿格外动人（图4-8）。在西安咸阳唐代贺若氏墓中，发现了一套异常贵重的金头饰，此头饰出土时仍戴在墓主人头上，只是上面的丝织物因年代久远全部腐朽。金头饰是用珍珠、玉石等三百多件珠宝连缀，做成金尊托、金花钿、金坠、金花等各种装饰配件。它的华美惊艳众人，是目前发现最完整的头饰（图 4-9）。

图 4-8　《捣练图》（局部）戴花钿仕女　　　　　　图 4-9　金头饰零件

3. 发梳

　　唐朝中晚期开始盛行插梳。这个时期的妇女经常把梳子或梳篦插在头上。当时妇女所插戴的梳子或梳篦材料丰富，制作复杂。梳子的材质不仅有金梳、银梳，还有玉石梳子、犀角梳、白角梳等。中唐至晚唐，妇女极爱插梳。唐代温庭筠的诗词里写"小山重叠金明灭，鬓云欲度香腮雪"。这里小山指的就是女子头上插梳的梳背，当时用作头饰的梳子有些是不开齿的，整个是一个梳子形的金片，插在头上仅露出梳背。梳篦也有了很多插戴方式，有插一把的，多把的或是满头都是的也很常见。中唐以后的插梳方法非常有特色，敦煌莫高窟 81 窟供养人壁画中妇女经常用两把大梳子上下佩戴插在头上，梳齿上下相对，这种样式往后发展逐渐成为宋代"冠梳"的样式。梳子有时候会配合鲜花佩戴，敦煌莫高窟的供养人头上插着图案烦琐的梳子，再配上满头鲜花发簪，华贵至极（图 4-10、图 4-11 ）。

图 4-10 花鸟纹玉梳

图 4-11 银局部鎏金锤鍱花鸟纹篦

4. 鲜花

除了昂贵的珠翠，各式各样的鲜花同样受到人们的追捧。唐代女性喜爱佩戴牡丹，除了牡丹外还有芍药、菊花、兰花、蔷薇、杜鹃、山茶、荷花等。佩戴的方式一般是将硕大的牡丹或者荷花等佩戴在乌黑的发髻中央或一侧，再点缀花钿、簪钗、小朵鲜花，也有的将小朵的花插在两鬓或者配合簪钗插得满头如花树一般动人。唐代的《簪花仕女图》中，宫中女子佩戴硕大的鲜花与乌黑的秀发相衬十分美丽。冬天百花凋零，在没有鲜花的冬天，擅长纺织的唐人制出了绢花点缀发间（图 4-12）。

图 4-12 《簪花仕女图》（局部）

5. 钗

金银簪钗的繁盛期，是从唐代开始的。隋朝时间短，还未酝酿出具有时代特色的样式便匆匆落幕。隋唐五代喜高髻，传统的对弯式折股钗最便于挽发，使用最多，钗上多刻有各式各样的草叶纹、花卉纹。簪和钗的区别在于，簪子是单股，钗是双股。钗的造型丰富多样，名称也十分形象，如花钗、燕钗等。折股钗的插戴方式之一，是左右各一只对插双鬓（图4-13）。唐代妇女流行云鬟高髻，讲究发髻的造型，头部装饰复杂华丽，出现用金银制作的各种花钗。唐代的花钗，一般为一式两件，构图相同，图案相反，使用时，左右对称地插戴在发髻两旁。花树钗以银制为多，两枝修长的钗脚，顶端结为一束，细薄的金片银片，镂空作成缠枝花草花纹，花叶间栖息着鸿雁、鸳鸯、蜂蝶等造型。妇人头上花钗的多少，成为其身份高低的重要标志（图4-14）。簪钗的质地有金、银、玉石、犀牛角、象牙、竹子、木头、琉璃等多种。晚唐时期，为了适应高髻的使用出现了30～40cm的长钗，江苏、陕西、浙江出土较多。李静训墓中出现的闹蛾金钗，飞蛾造型生动，锦簇的珠花用金银珍珠打造与飞蛾相衬，飞蛾仅用一根金丝与发钗相连，佩戴时生动可爱。

图4-13 折股钗

图4-14 花钗钗头

6. 步摇

隋唐五代，步摇的使用极为普遍，女性经常将其与簪钗一同佩戴。唐代喜爱用金打造步摇，白居易《长恨歌》中写"云鬓花颜金步摇，芙蓉帐暖度春宵"，戴叔伦《白苎词》"新裁白苎胜红绡，玉佩珠缨金步摇"，都提到了金步摇。

从其式样和插戴方式来看，步摇大概可分为三种。第一种是以单支的步摇斜插于发髻之前。在陕西乾县唐李仙惠墓出土的石刻上，左边的一个女子手持鲜花，一只精美的花朵状步摇斜插于发髻之前。在永泰公主墓、陕西长安韦洞墓出土的壁画中都有表现。这种步摇的形式多样，而以凤鸟口衔珠串较为多见。第二种步摇成对地出现，左右对称地插在发髻或冠上。一般是以金玉制成鸟或凤凰、荷花等形状。在凤鸟口中，挂衔着珠串，随着人的走动，珠串便会摇颤。陕西懿德太子墓石刻上的唐代宫装仕女就头戴这样的步摇。另在《释迦降生图》中的贵妇和敦煌莫高窟中所绘的五代妇女都是这样的打扮。第三种则是把步摇插在额前的发髻正中，周昉《簪花仕女图》中的妇女，其步摇的形式就是如此。这类步摇一般用金银丝制成，梁多为钗。在安徽合肥西郊五代墓出土的两件步摇均以纤细的金银丝编成，一件是四蝶状，蝶下垂着用银丝编成的坠饰。在鎏金的钗子上，用金丝镶嵌着玉片，做成一对蝴蝶展开的翅膀，下面和钗梁的顶端也有以银丝编成的坠饰，盈盈颤颤，精巧别致（图4-15、图4-16）。

图4-15　壁画中的步摇

图4-16　金镶玉步摇

7. 幂篱、帷帽、胡帽

唐代衣着打扮深受胡服的影响。初唐时期，女性出门经常戴幂篱，这是一种头巾，能遮盖全身，非常保守。之后唐朝国风愈加开放，幂篱被便捷的帷帽（图4-17）

取代，这时戴帷帽的女性发式也非常简约，大多只在头上扎一个简单的发髻，然后用簪钗固定。盛唐时期，女子戴胡帽、穿胡服、跳胡舞特别流行。不同的胡舞搭配的胡服和胡帽也不同。其中的柘枝舞来自西域石国，舞者戴卷檐虚帽，式样为尖顶或尖圆顶，帽檐向上翻卷，这样的形象在考古中经常发现。

图 4-17　戴帷帽骑马女俑

❧❧ 第二节　隋唐五代的手饰、项饰 ❧❧

一、镯钏

隋唐是封建社会发展最为鼎盛的时期之一，社会安定，生活富足，女性也更加注重装饰自己。隋唐五代有佩戴镯钏的习惯，古代把臂环叫作"钏"，俗称"镯"，即今天所戴的手镯。这一时期的手镯称为腕钏、臂环，不仅造型多样，戴法也是多样。构造上也更加复杂，出现了在镯身上装有铰具或活轴，以便开合的精巧臂环。迄今为止，仅见的两副唐代玉臂环皆出自西安何家村窖藏，其玉质上乘，工艺精湛。一对为铜鎏金嵌宝玉臂环，以铜鎏金合页将三段弧形玉连接而成，两合页可开启，外缘琢成虎头形，并嵌有紫色宝石；另一对是镶金玉臂环，以金合页将三段弧形玉连接起来，每两段均包以虎头形合页，开闭灵活，其设计之精巧，可谓鬼斧神工，这也是皇室的专用品。另有一种臂钏又名跳脱、条脱，是由捶扁的金银条盘绕旋转而成的弹簧状套镯，少则三圈，多则五圈、八圈、十几圈不等。根据手臂至手腕的粗细，环圈由大到小相连，两端以金银丝缠绕固定，并调节松紧。隋唐时的臂钏，在陶俑和人物绘画中可见到佩戴的形象，如1956年湖北武昌周家大湾隋墓出土陶俑，唐阎立本《步辇图》抬步辇的九名宫女及周昉《簪花仕女图》中的贵妇，就戴有自臂至腕的金臂钏（图4-18～图4-20）。

图4-18　玉臂环

图4-19　嵌珠金臂环

图4-20　錾刻花鸟纹金镯

二、指环

在手指上套环为装饰者，叫指环，也叫戒指。早在汉代，戒指就是男女定情之物，隋李静训墓出土金、玉戒指各一枚；陕西耀州隋舍利塔石函出土金环1件、银环9件、玉环1件；唐代出土的指环少见，堰师杏园1902号唐墓发现金戒指一枚，环圈厚重，上嵌紫色水晶，水晶上刻二字，文字为中古时期的巴列维语，疑为舶来品；上海福泉山唐墓出土一枚玉指环；在敦煌莫高窟也只有第57窟一菩萨手戴戒指，这也是在众多敦煌壁画中仅见的一例戴戒指的画像，可见戒指在唐代女性中并不流行。

三、项饰

隋唐五代时期由于细金工艺技术的进步，金银首饰制作空前精致。隋大业四年（公元 608 年），周皇太后的外孙女李静训九岁夭亡，葬于西安玉祥门外，随葬器物中有一条金项链，链条系用 28 颗镶各色宝石的金珠串成，项链上部有金搭扣，扣上镶有刻鹿纹的蓝色宝石，下部为项坠，项坠分为两层，上层有两个镶蓝宝石的四角形饰片，紧靠圆形金镶蚌珠，环绕红宝石的宝花作坠座，下层就是坠座下面悬挂的滴露形蓝宝石（图 4-21）。唐代的颈饰从敦煌莫高窟绘画和彩塑佛像上所见，多系项圈与璎珞组合而成，更为豪华富丽。敦煌莫高窟第 61 窟五代壁画供养人霍丹王公主身上所戴多条玉石项链，与高大的义髻金凤冠及金步摇相配，十分雍容华贵（图 4-22）。

图 4-21 嵌珍珠宝石金项链　　　图 4-22 莫高窟第 61 窟壁画中的璎珞

❧ 第三节　唐代女性装扮审美特点 ❧

一、服装特点

大唐女子的服装是封建社会划时代的文化现象，具有里程碑的意义，和其他艺术共同创造了唐代灿烂辉煌的文化，在服装史上让人们惊叹不已。

1. 女着男装

唐朝"女扮男装"的装扮形式成为一种时尚装扮。男装先是由贵族和宫女们所穿着，后渐渐传入民间，为大多数女性所喜爱，女着男装蔚然成风。在气氛非常宽松的唐代，女着男装成为公开化、生活化和普通化的生活着装方式（图4-23）。

图4-23　女着男装人俑

2. 胡服

初唐到盛唐间，北方游牧民族（当时称其为胡人）与中原交往甚多，对唐代服饰影响极大。随胡人而来的胡服文化令唐代妇女耳目一新，也最具异邦色彩。胡服中最为妇女喜好的是幕篱、帷帽、回鹘装、胡帽和靴。幕篱和帷帽都是妇女出行时，为了遮蔽面容，不让路人窥视而设计的帽子。回鹘装的特点是翻折领连衣窄袖长裙，衣身宽大，下长曳地，腰际束带。回鹘装的造型，与现代西方某些大翻领宽松式连衣裙款式相似，是综合古代希腊、波斯文化与中国文化的产物。

从唐代仕女图和文物考古所出土的穿着胡服的唐人俑与胡人俑，都可看出唐代女子喜欢胡服，唐代一些古诗句，如元稹"女为胡妇学胡妆，伎进胡音务胡乐"等诗句无不体现了这一服饰习俗。上至王宫贵族，下至民间妇女无不好胡服，形成了这一时期的服饰审美心态。隋末唐初至盛唐时期，妇女着男装或胡服是封建社会兴盛时期服饰的一大特点，女着男装和穿胡服是同时流行的，有时互相影响（图 4-24）。

图 4-24　画彩胡服人俑

3. 襦裙服

襦裙服指的是唐代女子上身穿着短襦或衫，下身着长裙，加半臂，以披帛于肩上做装饰的封建社会女子传统装束。襦裙装在保留了襦裙自身神韵的形式下，不断吸取外来服饰的精华，形成了服装史上最经典而又动人的装束，其穿着形式是上身着襦下身着裙。襦要短且小，裙要肥且长。裙系高腰至胸部，甚至系在腋下，系扎丝带，颈部与胸部的肌肤露在外，给人以优雅、修长、飘逸之感。襦裙在唐代的发展达到顶峰，其款式新颖、颜色多样、质地精美、图案华丽、技艺高超，前所未有（图 4-25）。半臂，又称半袖，是从魏晋以来由上襦变化而来的一种无领式对襟短款小外衣，门襟有时装饰小带子，可以系扎在一起，袖长至肘部，身长至腰处。领口较大，多穿于衫襦之外，上至宫中女官下至民间，流行广泛。属于唐时常见的新式上衣服装款式，男、女均可以穿着，隶属于宫廷常服（图4-26）。披帛又可称作"画帛"，是中国封建社会妇女服饰，在唐代得以盛行。披帛为一条长条形状的巾子，披于肩上，背部下落，再将其缠绕在手臂间，材料多是纱罗，上面印有花纹，或是金银线织成的图案。已婚未婚女子所用披帛形状不一，未婚女子披帛较细长，走起路时，随风起舞，妩媚美观（图4-27）。

图4-25 堕马髻襦裙女立俑

图4-26 团窠对兽纹夹联珠对鸟纹半臂

图4-27 着襦裙披帛女子

二、妆容特点

1. 女子妆容

唐代女子妆容繁复，品类多样。女子将厚厚的铅粉敷在脸上，再将浓浓的胭脂涂在两颊，这就是在唐诗中常见的"红妆"。与历朝历代妇女相比，唐代女性的面庞格外地红。斜红妆，也称"晓霞妆"，如两道红色的新月装饰于脸侧，酷似两道晚霞。在唐代，斜红成为流行的装饰。唐代女子酷爱点唇，用朱砂混合动物脂膏制成唇脂，为自己妆成樱桃小口，这就是那个时代美的标准。

2. 黛眉

唐代画眉的工具大多是螺子黛，非常方便，并且唐代是中国历史上眉式最丰富的时期，长眉、短眉、蛾眉、阔眉等都有流行，在唐玄宗时有一本《十眉图》，就记载了当时流行的鸳鸯眉、小山眉、五岳眉、三峰眉等十种眉式，而"十眉"也只是包含了眉式的一部分。

3. 花钿

花钿是贴在眉间额前的装饰物，是唐朝女子奢华富丽的表现。额黄与花钿类似，也装饰在额头，不过是用颜料涂黄，也称"佛妆"。制作花钿是将剪成的花样，贴于额前，以金、银制成花形，篋于发上。古时候做花钿的材料十分丰富，有用金箔剪裁成的，还有用纸、鱼鳞、茶油花饼做成的。

4. 面靥

面靥是在两颊酒窝处施点的装饰。唐代女子喜欢在自己面上敷粉，在颊边画新月样子或钱样，名"妆靥"。有的更在嘴角酒窝间加两小点胭脂，或用金箔剪刻成花纹贴在额上或两眉。这样的金箔花纹叫"金钿"，若用在两颊，也称"靥钿"（图4-28）。

5. 发型

唐代妇女的服饰、化妆，尤其是发型头饰造型不断翻新变化，呈现出奇特华美、繁盛开放的景象，充分反映了唐代妇女社会文化生活的繁荣气息。唐代妇女发型头饰追求装饰性、多样性和流行性，表现出雍容华贵、体态丰腴的风格特征，形成了明显的时代特点及装饰风格。发式与化妆是古代女子区别于男子的重要修饰手段。唐代妇女不仅服装式样丰富多彩，发型也十分新颖独特。唐代沿袭汉魏、六朝以来的高髻，名目样式繁多，仅唐代有关文献资料中记载的发髻名称就有云髻、反绾髻、交心髻、高髻、双髻、抛象髻、宝髻、双环望仙髻等百余种。再加配以金、银、花钿、珠宝等首饰形成了一种富丽华贵的装饰风格（图4-29）。

图 4-28　唐朝妆容样式

图 4-29　唐朝发型样式

第五章

宋辽金元时期

宋辽金元时期，属于多民族竞争时期，而这四个朝代也分别由不同的民族所建立。宋朝，是中国历史中上承五代十国下启元朝的朝代，大约公元960年—1279年，将近 320 年，分北宋和南宋两个阶段。宋朝是中国历史上商品经济、文化教育、科学创新高度繁荣的时代，宋朝民间的富庶与社会经济的繁荣实际远超过盛唐。辽朝开国君主为辽太祖耶律阿保机，唐末、五代时实力得到发展。金朝是中国历史上由女真族建立的封建王朝。元朝从元世祖忽必烈建立开始，到洪武元年（1368 年）明太祖朱元璋北伐攻陷大都为止，前后共计 98 年。

第一节　宋代时期的首饰

一、冠

"冠"，帽也，两宋时期，日常戴冠之风盛行。尤其宋朝女子特别爱戴冠，冠在当时是非常流行的头部装饰。冠的造型十分多样，从北宋前中期的各种高大、夸张形，往北宋后期的团圆形发展。南宋时期冠的体量进一步缩小成兰苞形或扁圆形，并移至脑后。宋代冠的材质工艺很多，宋初用唐已流行的漆纱、金银、编竹等作胎，装饰金银、珠宝、铺翠、花朵。后来鹿胎、玳瑁、白角、鱼枕等各种高级动物皮、角质材料的使用日益增多。宋代的贵族女子冠饰，在沿袭前世高冠、花冠的基础上，冠的形状愈加高大，装饰也愈加丰富。其中冠高有达 1 米的，冠宽与肩等齐。冠后常有四角下垂至肩，冠的上面装饰有金银珠翠、彩色花饰、玳瑁梳子等。

冠的名目也相当丰富，如有珠冠、花冠、角冠、团冠、山口冠、觯肩冠等多种冠饰（图5-1）。

图5-1　戴冠仕女俑

1. 珠冠

珠冠是以珍珠串成的女子冠饰，匠人用金银丝制作冠胎，以珠玑宝翠作为饰物将其点缀于冠上，是专供宋朝上层女性消费的昂贵奢侈品。珠冠大多为礼冠，所以品级不同，装饰物的规格也不相同。《宋史·舆服志》记载"中兴，仍旧制。其龙凤花钗冠，大小花二十四株，应乘舆冠梁之数，博鬓，冠饰同皇太后，皇后服之"，可见宋朝后宫女子的礼冠等级制度是非常森严的（图5-2）。

图5-2　《宫女图》（局部）

2. 花冠

花冠始于六朝，在唐朝时得到大力推广，等到宋朝时已经成为非常普遍的头部装饰。宋代花冠，在唐、五代女子花冠的基础上，进行了创意创新，越发精巧，头冠上的花朵装饰用的都是罗帛等物模仿真花制作而成，一般女子们会用花、鸟形状的簪、钗或篦子把它们固定在发髻上，也有把四季花卉同时镶嵌在冠上做装饰的，并称为"一年景"。宋人十分崇尚牡丹、芍药，而且栽培有方，花朵相互簇拥生长，其中有二尺高的被称为"重楼子"。开始时花冠的装饰以鲜花为主，由于鲜花的保鲜期太短，后来便出现了以绢、丝制作的仿花代替鲜花制作花冠。由于花冠的造价低廉，所以宋朝的花冠主要是给地位较低的女性佩戴的（图5-3）。

图5-3　花冠

二、簪

宋朝的簪依然是常见的一类头饰，占有重要地位，主要用于固冠、绾发、装饰。宋朝民间金银制造业已经十分发达，且产品分布四方，贸易渠道非常畅通。簪作为男性饰物，几乎成为宋朝男性的唯一饰品，主要用来固定头冠。由于宋代女性戴冠之风大为兴盛，所以还形成了一些专门用于固冠的女用长簪，是簪中的新品种。除固定的实用功能外，女簪更有装饰的用途，簪首露出的部分加以各种装饰手法，形成样式繁多的各式花簪。相比于唐代，宋代花簪的立体造型更加丰富，从以平面錾刻、镂镍为主发展出各种精巧的空心锤镍立体造型。尤其是将多种装饰集中在同一簪上的做法也逐渐兴起，这种簪的装饰性极强。

1. 花头簪

簪首有一个花头，下与尖锥式簪脚垂直相连接的花头簪在宋代开始流行。通常是银做簪脚，簪顶一朵金花，如梅、菊、牡丹、莲花，时称"金头银簪子""金裹头簪子"或"金顶银脚簪"（图5-4）。簪首花头又或金镶玉，花上嵌珠嵌宝作为花蕊；或者金花托上嵌玉花，玉花心里嵌珠宝等。花头簪的插戴方式主要分为两种，用于挽发和装饰的花头簪直接插于发髻上，有时同时插戴许多支（图5-5、图5-6）。

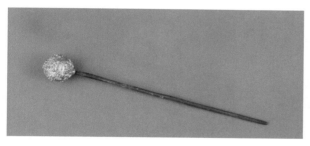

图5-4　金裹头簪子

图5-5　金镂空龙纹花筒簪

图5-6　金连三式花头簪

2. 凤首簪

宋朝时期的凤首簪，发现地域范围较广，依据出土资料中凤首簪的造型特征，可分为立体凤头型、立体与平面结合的凤型、立体凤踏祥云型和平面飞凤型几类。立体凤头型，与宋元绘画、壁画中描绘的大致相同，主要突出凤凰头部、尖喙、长嘴，颈后的羽毛飞扬飘动，凤身较小或省略。立体与平面结合的凤型，即将凤的尾羽和双翼铺展开来做成托起凤身的平台，凤的上半身分别锤镍打造扣合而成，再焊接于凤翅上。有的凤嘴中衔有花结、菱角等不同的缀饰，很像唐代壁画中的"凤衔珠"。立体凤踏祥云型，南宋官窑博物馆曾展出的一件由中成堂收藏的金凤簪，金凤展翅高飞，凤嘴还衔有各种坠饰，为宋代凤踏祥云型的典型。平面飞凤型，平面型的凤首簪钗在宋元时期都比较流行，但风格迥异。宋代的以浙江地区最具特色，基本形式都是一雄一雌相对组合（图5-7、图5-8）。

图5-7　金凤簪　　　　　　　　　　　　　　图5-8　鸾凤簪

三、钗

钗是女性专用首饰，用于固定发簪和装饰，是宋代女性首饰中形式最多、装饰性最强的一类。

1. 桥梁钗

是宋元时期的典型样式。其样式多为多对花头并排呈弧形排列于钗梁之上，钗梁由两边向中间聚拢，又向下延伸出钗脚。其钗梁上花头数量少则几对，多则三十多对，多为单数组合，于钗梁正中留一对花头与钗脚呼应，为对称美观而专门设计。2009年，浙江东阳市发现的一座宋代墓葬，为夫妻合葬墓，整体保存完好。出土一件竹叶纹桥梁式金钗，弧长11.6cm，高8.4cm。此钗钗头梁上锤镍錾刻竹叶纹，粗金丝连续弯曲成15支实心花头，竹叶纹下部刻有细小纹饰。金丝两端弯折成钗梁，向中间聚拢，并向下延伸出钗脚。花头与钗梁用细金丝缠绕绑结固定。整件钗形如孔雀开屏，展现特有的灵动与细节刻画（图5-9）。花卉纹桥梁式九股钗见图5-10。

 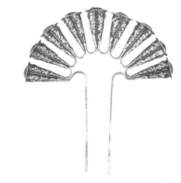

图5-9　竹叶纹桥梁式金钗（东阳市博物馆）　　图5-10　花卉纹桥梁式九股钗（观复博物馆）

2. 花筒钗

在两枚金银片材上分别打造各式花卉，然后卷作喇叭筒，将钗首的末端制成中空的筒状，将两个圆喇叭筒于合口处对接，另外再以一枚金银片材打制花样，扣在两个花筒上作为花帽。将钗脚的金、银杆插入钗首的錾孔内，使两者连接固定（图5-11、图5-12）。

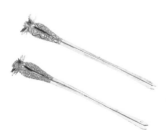 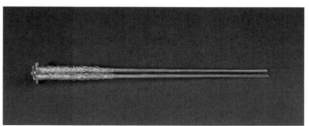

图5-11　金并头花筒钗（一）　　　　　　图5-12　金并头花筒钗（二）

3. 折股钗

多为金、银鎏金、银、铜等金属质地，以银为多。一般用一根实心长金属条对折而成，往往钗首尾稍粗，中段细圆；股距很窄几乎贴合，便于固发。为便于绾发，钗首有时做出弯折造型。折股钗的功用是绾发，时称"关头"。使用的时候往往要使它形成一个弧度，横贯于发髻；或者前面一把梳子把头发拢紧，侧面一支折股钗挽髻（图5-13）。

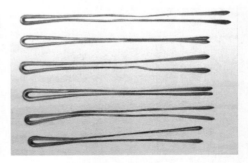

图 5-13　银折股钗

四、珠串

　　珠串是由若干穿孔珠子串连而成的一种项饰。一条珠串的珠子可能为同一质地，也可能穿插几颗其他质地的珠子；可能珠子大小均相等，也可能穿插几枚大小不等的珠子，或者在珠子之间插有其他形状的小装饰品。浙江新昌南宋墓出土的玉石珠串，其中有一件是长约 1cm 的龟蹲荷叶晶饰，龟甲背纹、荷叶茎络历历分明，雕刻精致。江西上饶南宋赵仲墓出土的一副水晶链饰，下坠鱼形玉坠一枚（图 5-14）；另外还有一种木念珠，别名"佛珠""念珠"，原为佛教教徒的工具，由数枚穿孔木珠串连而成。福建黄昇墓出土的 2 串木念珠，一串共 111 颗，另一串共 93 颗。念珠为棕黑色，有圆形、椭圆形、瓶形、橄榄形等，两颗之间夹以小铜片，均用一根褐色丝线串连，两端各饰丝穗。

图 5-14　水晶链饰

五、项圈

项圈在古代多为妇女、儿童佩戴的环形项饰，多有保佑平安、吉祥如意的寓意。贵州清镇宋墓出土的几件项圈形制很简单，由金属条直接弯制而成，其中一件铜项圈由一段粗铜丝，直接弯成一个环形；另一件扭丝银项圈，由两股银丝扭成麻花状，最后完成项圈。浙江宁波天封塔南宋地宫出土的一件银鎏金项圈，则是较典型美观的一例，几乎首尾相接成环，外缘呈波浪形，两尖有勾状头，中间饰一童子，两边饰牡丹折枝花（图5-15）。

图5-15　银鎏金项圈

六、钳镯

两宋钳镯的式样大致可以分作两种类型，一为宽式，一为窄式。宽式通常在镯面打造两道或两道以上的弦纹（图5-16）。彭泽易氏夫人墓出土一对银钳镯，中间的一道弦纹把镯面两分，一半錾刻缠枝瓜果，一半光素无纹，收细的两端做出螺旋纹以仿缠绕之意。除了素面外，也有很多在镯面上锤碟打造、錾刻花样的形制。镯体略厚的，多以錾刻技法在表面錾出花纹。江苏南京江宁秦熺夫人郑氏墓出土的花卉纹金钳镯，镯面等宽，分成上下两道，开口处两端錾刻花叶；浙江绍兴梧桐村南宋墓出土的金钳镯，表面錾刻三朵云纹，当中为云托月。还有一些特殊的样式，如绞丝式镯，多股金或银丝缠绕顺绞成一大股（图5-17）；又有连珠式镯，即《碎金》中所称的"连珠镯"，镯面由大小相等的珠状装饰连接而成，两头也有开口，常作长方形或龙首形，其上装饰精细，也是较为多见的手镯。浙江安吉县出土的宋代龙首连珠纹银手镯，直径6.5cm，厚0.9cm，由21颗连珠形成，镯两端刻龙首纹（图5-18）。安徽省来安县相官出土的连珠纹金镯，直径7cm，以连珠打制而成，接合处錾刻有花纹。

图 5-16 金钳镯

图 5-17 金绞丝镯

图 5-18 龙首连珠纹镯

七、缠钏

缠钏用金银带条盘绕而成，呈螺旋圈状，它有环少环多、装饰或简或繁之别，两端则编成环套，用金银丝紧缠在钏体上，整个外形略似弹簧，在镯头用粗丝缠作活环与下层的连环套接，且可以前后滑动来调节松紧（图5-19）。缠钏多为素面，少数也饰有纹饰，湖南临湘陆城宋墓出土的四件银缠钏，通体扁薄细长，做十圈，表面锤碟四季花卉，是比较精致的一款。

图 5-19 素面金缠钏

八、指环

指环即今天的戒指，因其为古代戴在人们手指上的环形饰物而被称作"指环"。"戒指"一词大概出现在明代，明代之前的文献未发现此种叫法。故两宋时期，此种首饰被叫作指环。指环在古代有三种主要功能：第一，首饰的一种，起到装饰作用；第二，宫廷中妇女的避忌标志；第三，婚姻的信物、爱情的象征，且这一功能一直沿用至今。指环作为订婚礼物，它意味着约定婚姻，故指环又有了"约指"这个叫法。宋代遗存出土指环数量较少，以金质、铜质居多。根据形制差异，可将其分为环形指环、宽面指环、钏形指环、镶宝指环四种。环形指环，最简单的是金属环圈，如安徽潜山彰法山宋墓出土的铜指环，浙江三天门宋墓出土的指环还饰有萱草纹。南宋出土的镶宝指环所嵌宝石有大有小，有单个也有多个。南宋沉船"南海一号"所出土的一枚金镶宝指环，镶嵌了八颗宝石；浙江三天门宋墓出土的一件金指环，戒面嵌着一颗不规则绿松石（图5-20）。

图5-20　绿松石金指环

九、耳饰

两宋时期的耳饰一方面受辽金地区影响，另一方面也有不少新的样式和题材，比如荔枝、茄子一类的瓜果和四季花卉等，其设计灵感大约来源于五代两宋以来绘画中的花鸟虫草与蔬果的写生小品。北宋刘沆夫妇墓出土的金耳环，用一根细金条打制而成，一端为细弯的耳环脚，另一端为曲线柔美的一牙新月。浙江建德大洋镇出土的金菊花耳环，由一对菊花和一枚花叶的金片抱合成型，花腰部分錾刻细线以为脉理，然后把菊花对折，使之相抱如枚弯月，再与实心的耳环脚相接（图5-21）。

图5-21　金荔枝耳环

第二节 辽代时期的首饰

一、冠

陈国公主的鎏金银冠是我国保存完好的一件辽代冠饰之一。银冠的四周是镂空的造型，刻有花纹。冠顶中间是一个火焰形状样式的银象，银冠两边则分别有一只长尾凤鸟。银冠两边的立翅还分别刻有一只凤鸟，长长的尾巴下垂，周围纹饰呈云彩状，翅及冠箍的周边錾有卷草纹，冠顶后部錾刻变形云纹，制作精美绝伦。还有一种高翘鎏金银冠，以较薄的银片捶卷而成，形似帽箍，冠面压印着突出的花纹，中心蕃花作装饰，簇拥着一颗烈焰升腾的火珠，火珠的两侧饰以双龙，视觉上十分威武。凌源小喇嘛沟辽一号墓出土1件银鎏金冠，为男墓主所有，由多片形状、大小不同的镂雕鎏金银薄片制成，镂孔呈鱼鳞状。中间为镂空银片围成的圆拱形帽圈，周围用10余片独立的镂空银片作装饰，装饰片上用银丝缀有27件镂雕卷云状步摇片，分别位于冠的正面和两侧，每一面各9件，分为上、下3排。冠顶正中装饰1件立雕莲花座，莲花正中立1只鎏金凤凰，花叶状长尾上翘，展翅欲飞。冠的正面中间有2大片装饰银片，前低后高，如意形，曲状花边，其上錾刻对称飞鹤纹。两者之间正中镶嵌一人像，似为道士。正面两侧各伸出1片卷云状镂空银片，似双角，左右对称。其上錾刻对称的飞鹤纹，相背而飞。冠中部左、右两侧，各有2组卷云状银片，相互扣合，似牛角。帽圈背面也立置2大片装饰银片，尖拱形，曲状花边，前高后低，明显高于正面的银片。后片中间上部錾刻飞凤纹，下部为云纹承托火焰珠纹，两侧为左右对称的凤纹（图5-22、图5-23）。

图5-22 凤纹嵌珠金冠　　　　图5-23 高翘鎏金银冠

二、簪钗

辽代契丹族女性使用的簪钗，质地主要是骨、金、银、铜、玉，其中金、银质簪制作精良。在巴林左旗博物馆藏有多枚骨簪，有的圆针状无雕饰，也有簪首雕镂花卉禽鸟的。最有特色的是馆藏的一枚簪首雕有芦草鸿雁纹的骨簪。河北承德辽代窖藏出土1件凤首簪，分体式，簪首为玉质，雕刻细致入微，银质簪身。巴林左旗博物馆中还有簪首磨成耳挖状或如意头形的，此类簪既可当耳挖，又方便搔头，是游牧民族器物多功能设计的典型，在清代满族头饰中，耳挖簪依然是比较常见的款式。内蒙古阿鲁科尔沁旗扎斯台辽早期墓葬出土的牡丹形银簪，分体式，簪首金制，作盛开的牡丹花形，下连扁平的银质簪身（图5-24、图5-25）。

图5-24　银铤金凤钗

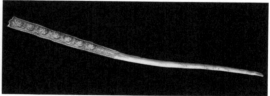

图5-25　金簪

三、耳饰

契丹人不管男女都有戴耳饰的习惯，尤其是男子，耳戴圆环是普遍现象，而且耳饰的式样精美，制作考究。在辽宁建平张家营子辽墓出土的凤形金耳饰，是以极薄的金片模压成立体的凤鸟形，两片合页，中空。这样既可以减轻耳饰本身的重量，又使制作工艺相对简便。除了捕猎和畜牧业外，捕鱼业是契丹经济的重要补充形式。随着渔业的发展，创造或者选择一种水中神兽为图腾进行崇拜，祈求护佑的习俗便油然而生。吐尔基山辽墓出土摩羯嵌松石金耳环1副，主体作摩羯形，前方装饰花骨朵状饰物，多处嵌有松石。另一种"U"形耳饰是契丹人非常独特的式样。它用金片锤打或为钣金焊接而成，造型简洁又十分精致。除了用金银做耳饰外，还有用玉石、蜜蜡、琥珀和玛瑙做耳饰，因为契丹人崇拜太阳和火焰，所以红黄色非常受契丹人的喜欢，也在辽贵族间极为流行。陈国公主墓中出土的一对琥珀珍珠耳坠，由四件琥珀饰件和大小珍珠以细金丝相间穿缀而成，在四件橘红色的琥珀饰件上，都雕刻成龙鱼形，整体像小船，龙首鱼身，船上刻有舱、桅杆、鱼篓，还有划船和捕鱼者，构思巧妙，雕刻入微（图5-26～图5-28）。

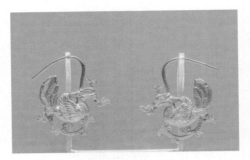

图 5-26　凤衔灵芝蔓草金耳环

图 5-27　迦陵频伽形金耳坠

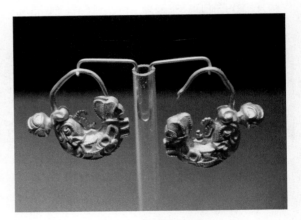

图5-28　摩羯形金耳坠

四、颈饰

　　颈饰是辽代墓葬中比较常见的饰物，目前所见均出土于契丹人的墓葬中，主要以璎珞为主。颈饰在辽代早、中、晚期墓葬中皆有出土。其佩戴使用不仅限于女性，男性也有使用，这与游牧民族的盛装习俗相符。璎珞是契丹贵族常见的项饰，契丹在建立政权前，没有戴璎珞的习俗。璎珞传入契丹后被贵族阶层用作装饰品，大约是在辽代建国以后。内蒙古赤峰辽耶律羽墓、辽驸马卫国王墓以及陈国公主墓相继出土了琥珀璎珞胸佩，有五串二百余颗琥珀珠和五件琥珀浮雕饰件、两件素面琥珀饰件以细丝相间穿缀而成，精致华美。法库叶茂台 7 号墓女性墓主胸前戴的水晶琥珀璎珞，由250 多颗水晶珠和 7 件琥珀饰件相间穿系而成，5 件琥珀饰件将其分为六段，每段由五股水晶珠组成。椭圆状的水晶珠无色透明，淡雅纯净。琥珀饰件均采用高浮雕雕刻，处于中央位置的形体最大，向末端逐渐减小。除此之外，还有绿松石、珊瑚、玛瑙、金银、巴林石等，因人身份不同而材质各异的项饰（图 5-29、图 5-30）。

图 5-29 琥珀璎珞

图 5-30 水晶琥珀金坠颈饰

❧❧ 第三节 金代时期的首饰 ❧❧

一、玉屏花、玉逍遥

金代男女有一种特殊的帽饰叫玉屏花与玉逍遥。玉屏花一般是一对，一左一右位于巾帽后侧部，兼具装饰与系束带的功能。而玉逍遥一般只有一件，左右对称，位于巾帽的正后方，纯粹用于装饰，并不具有实用功能。金人头巾名曰"蹋鸥"，属软体帽，需用巾带束收，所以巾环就成为金人头上的装饰重点，加之对玉的喜好，更是促成了金人在巾环上的精雕细琢。从现有玉屏花的出土实物上来看，主要有禽鸟和花卉两种题材。禽鸟以天鹅和练鹊为主。黑龙江阿城齐国王墓出土的皂罗垂角幞头两侧耳后底缘的左右，即缝缀一对镂雕白玉天鹅衔莲花玉屏花，天鹅曲颈昂首，口衔莲梗，莲花反伸于颈后。胸前之小孔用以将玉屏花系在头巾上，尾下之大孔则用以贯穿巾带。哈尔滨新香坊金墓也出土过一对天鹅衔花朵玉屏花，天鹅细长颈，在波浪、荷叶与含苞待放的花蕾间俯卧。齐国王妃巾帽后部缀有一件练鹊形玉逍遥，两练鹊弓身相向，口衔花蕾，两尾相接，左右对称，是金代玉器中的精品。北京房山长沟峪金墓出土的鹤衔灵芝玉逍遥，构图与金国王墓出土的非常相似，仙鹤长颈，交脚展翅，显得更为大气（图5-31～图5-33）。

图5-31 练鹊玉屏花

图5-32 鹤衔灵芝玉逍遥

图5-33 练鹊形玉逍遥

二、耳饰

金代女真人普遍有佩戴耳环的习俗，金代耳饰在形制上，受辽代耳饰影响，纹样上受汉族文化影响较深。金代的耳饰以"C"形耳饰居多，"C"形耳饰是上下对称结构，更加偏向一边发展，犹如一轮弯月。敖汉旗辽代墓葬所出土的金耳饰造型就是"C"形弯月形制，侧面有异形凸起，耳环身錾刻花纹。金代和辽代一样，男女均佩戴耳饰。金代的男子用耳饰，一般形制小巧，造型极似明清时期的丁香，是同时期的其他民族所罕见的（图5-34～图5-36）。

图5-34 金镶珠慈姑叶式耳环

图5-35　"C"形金耳饰

图5-36　葵花形金耳饰

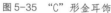

第四节　元代时期的首饰

一、簪钗

内蒙古地区出土的元代金银簪样式繁多、题材丰富、制作精细，在安徽安庆棋盘山元墓中就有形式多样的鎏金银方胜出土。在山西灵丘曲回寺村发现了一些金头饰，极为精美。其中的一件金飞天饰为一仙女飞升向天的形象，工艺与造型都达到了巧夺天工的程度。竹节钗在南北朝就有，主要样式就是在钗的折弯处装饰多个小圆片，成竹节状（图5-37）。元代以螭虎装饰的钗，逐渐增多，其特征多为龙或螭虎口衔花叶造型，钗头纹样精细，花朵层次丰富（图5-38）。1984年出土于赤峰市敖汉旗三家村的一处金银器窖藏出土的椰树纹金簪，长14.6cm、簪花长3.1cm、宽2.5cm。簪花为树冠，扁柄为树干，簪柄插入簪花之背，树冠中结出两个对称的椰果，之间以椰叶缠绕，下侧雕花一朵。荔枝是元代头饰和耳饰上常用的装饰纹样。元代荔枝簪首的样式多为两个对称的荔枝，四边装饰叶蔓，叶子翻转舒展，荔枝上錾出荔枝表面的颗粒纹理。元代的凤造型灵动，相比之前有了明显变化，扬首腾飞，气势十足（图5-39、图5-40）。

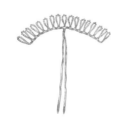

图5-37　金桥梁式竹节钗

图5-38　金螭虎钗

图5-39　银并头花筒簪　　　　图5-40　金摩羯托凤簪

二、耳饰

元代是考古发掘耳饰最多的历史时期，现出土的元代耳饰中有很大一部分都是继承宋代耳饰和其他民族耳饰的纹样和形制。蒙古族在长期的征战中不断地扩张，所到之处不可避免地猎取大部分其他民族的艺术宝藏。所以出土的元代耳饰相比于辽、金等少数民族耳饰的造型更为多变，形制和纹样等最为丰富。元代耳饰制作讲究，材料也多以金玉为主，许多与金代的比较相似。装饰部分常用玛瑙、白玉或绿松石等雕琢成各种纹饰。与汉人不同，蒙古族贵族男性是佩戴耳饰的。历代帝王像中，唯有元代统治者佩戴耳饰，通常是耳坠，且造型多为同一种，历任帝王并无明显变化。均以一金环穿过耳垂，下面坠有一颗玉石类的圆珠，珠体圆白饱满。葫芦形耳饰是宋、元耳饰纹样中最通用和盛行的（图5-41）。元代蒙古族贵妇的耳饰造型颇有特色，称为珠环，也可称掩耳，其为姑姑冠上面的装饰，从两边垂下来，或系或挂于珍珠链缨之上，掩在左右当耳处，故名大塔形葫芦环（图5-42、图5-43）。另外还有牌环、花果蜂蝶纹耳环等式样（图5-44、图5-45）。

图5-41　金葫芦耳环

图 5-42　金累丝莲塘小景纹塔形葫芦环

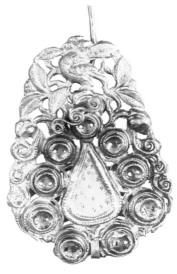

图 5-43　金桃枝黄鸟纹塔形葫芦环

图 5-44　金蝴蝶桃花荔枝纹耳环

图 5-45　金蝶赶菊桃花荔枝纹耳环

明代时期

明朝（公元 1368 年—公元 1644 年）是继元朝之后的一个封建王朝。明朝在统治上相对比较稳定，故而明朝社会在各方面都有所发展。到明朝中期，不论是在生产工具上还是产量上，农业的发展都已远远超过前代，而农业的发展使更多劳动力解放出来，进而促进了手工业与商业的发展，明朝的青花瓷器、宣德炉等手工业产品已成为今天不可多得的艺术品。

❧✦❧ 第一节　明代的首饰 ❧✦❧

明朝建立以后，对整顿和恢复礼仪非常重视。明太祖朱元璋在《谕中原檄》中提出"驱逐胡虏，恢复中华"的口号，为了消除蒙古族习俗对中原地区的影响，废弃了元朝的服制，并根据汉族人的习俗，将服饰制度重新规定，开始着力重建汉民族的文化传统，在服饰方面，强调要恢复"中国衣冠之旧"。为此，明朝政府制定了一系列涉及各个阶层的冠服制度，并在数十年间进行过多次重大修订，从而使制度的内容得以逐步完善。

1. 束发冠

明代士人以上阶层的男子多在发髻上罩一顶束发冠，为贵族退朝燕居时的冠戴。冠上梁的数目根据官员品级来增减。两侧各有两孔，用于插入簪子。束发冠使用的材质多种多样，文震亨《长物志》中说："铁冠最古，犀、玉、琥珀次之，沉香、葫芦者又次之，竹箨、瘿木者最下。制惟偃月、高士二式，余非所宜。"金质束发冠出土实物较多，常见于贵族官员墓葬中，如南京中华门外郎家山宋朝用墓的一顶，宽7.8cm，高仅4cm，冠顶后卷，中部起五道梁，两端缘边处各起一梁，底部左右两侧有圆孔，可插簪固定。相比金银，用玉、玛瑙或水晶雕成的束发冠质地莹润澄澈，更为士人钟爱。如国家文物局收藏的一顶水晶束发冠，宽6cm，高4cm，以整块白水晶雕制，晶莹清透，洁若凝冰。益宣王墓随葬了一顶琥珀束发冠，宽4.5cm、高3.5cm，冠顶分六缝，后部内卷若诸葛巾式，正面底部阴刻花纹，有小块残损。男子的束发冠，主要起到束发的作用，虽然材质与造型多种多样，但在相对正式的场合，并不单独使用，仍需在外面罩一顶冠帽或头巾（图6-1）。

图6-1　金累丝二龙戏珠纹束发冠

2. 紫金冠

紫金冠的大小与普通束发冠接近，融合了绘画及文学作品里武将或神将的冠帻（源自平上帻）特征而形成新的冠式。紫金冠制作精美，装饰繁复，年少者戴之更显俊秀，戏曲舞台上常用于青年武将角色，明清时期还将之做成儿童戴的童冠、童帽，《红楼梦》中贾宝玉戴的"累丝嵌宝紫金冠"便是由此而来。冠顶分缝起梁，冠身的装饰非常丰富，通常有博山、帻耳、朱缨等诸多配件，可錾刻各种图案或镶嵌名贵宝石等，珠翠金玉靡所不具，冠下另外佩戴抹额，包住其余头发。长沙博物馆收藏了一件金质双龙紫金冠，这件紫金冠通高仅 2.9cm，底径 4.2cm，重 33.6g，形制较小，通体饰有花纹，正面缀火焰宝珠，珠上錾"日"字，冠侧各饰金行龙一条，冠体左右有穿孔，横贯如意形金簪一枚。

3. 凤冠霞帔

明代女子金银首饰，纳于礼仪制度一类，一等即是凤冠霞帔。凤冠霞帔的基本组成，是凤冠一组，霞帔一组。明代，凤冠是皇后在受册、谒庙、朝会时戴用的礼冠。凤冠是一种以金属丝网为胎，上缀点翠凤凰，并挂有珠宝流苏的礼冠。早在秦汉时期，就已成为太后、皇太后、皇后的规定服饰。明代凤冠有两种形式，一种是后妃所戴，冠上除缀有凤凰外，还有龙、翚等装饰。如皇后皇冠，缀九龙四凤，大花、小花各十二树；皇妃凤冠九翚四凤，花钗九树，小花也九树。另一种是普通命妇所戴的彩冠，上面不缀龙凤，仅缀珠翠、花钗，但习惯上也称为凤冠。定陵共出土凤冠四件，分属孝端、孝靖两位皇后，其中九龙九凤冠和六龙三凤冠属于正宫孝端皇后王氏；三龙二凤冠和十二龙九凤冠属于孝靖皇后王氏。4 顶凤冠制作方法基本相同，冠均为漆竹胎，冠上皆嵌饰龙、凤、珠宝花、翠云、翠叶和博鬓，只是具体数量、重量不同（图 6-2）。

图 6-2　凤冠

霞帔则是丝罗制品，依等级不同而织纹有别，其底端有膨起如囊的金帔坠，帔坠系以两枚金片分别打制扣合而成，上端有孔，孔中穿金系，然后悬坠于金钩用作霞帔的压脚。洪武四年，凤冠霞帔的礼服制度才被正式确立下来。一品命妇是金绣文的霞帔，还有金珠翠当作装饰，下面是玉坠子；二品的命妇就是金绣云肩大杂花的霞帔，使用金珠翠装饰，下面是金坠子；三品的是金绣大杂花，使用珠翠点缀，下坠着金坠子；四品是绣小杂花，用珠翠点缀，下面是金坠子；五品就是销金大杂花样子的，生色画绢起花点缀，配金坠子；六品和七品都是销金小杂花，生色画绢起花点缀，金银坠子；八品和九品的是大红素罗，生色画绢装饰，下面为银坠子。在这一时间段里面，霞帔成为她们的礼服，霞帔上面的花纹也成为她们身份地位的标志（图6-3）。

图6-3 翟纹金帔坠

4. 䯼髻

䯼髻又称"假头""假髻"，一般认为䯼髻起源于金代女性头巾，是罩在明代女性发髻上的装饰品。佩戴时，将䯼髻覆于女性发髻上，䯼髻上有孔，可以插入簪钗。䯼髻的外形多呈圆锥状，早期顶部略向前弯曲，如《真武灵应图册》中所绘妇女，头上戴着的鬏髻便是尖顶而略弯的样子。《明宪宗元宵行乐图》里妃嫔宫娥们的鬏髻已无明显弯曲，但仍能看出顶部是稍稍向前方倾斜的。此后的鬏髻逐渐发展出多种造型，但最常见的仍是这种上窄下宽的圆锥形样式。制作鬏髻的材质十分丰富，最常用的有金、银、铁等金属丝，亦可使用马尾、竹篾丝乃至头发等。明代中期之后，随着社会经济的发展，风俗日渐侈靡，用金银丝制成的鬏髻成了主流款式（图6-4）。

图6-4 鬏髻头面

5. 挑心、分心

挑心、分心，可以说是明代头面之要。在明初的时候，妇女们的发髻式样基本上保持了宋、元时的形式。到明代嘉靖以后，妇女们喜欢将头髻梳成扁圆形状，并在发髻顶部饰以宝石制成的花朵，也称"挑心髻"。挑心是戴在鬏髻顶部的一枚大簪（图6-5），簪首常做成一朵或一组花的造型，花蕊多镶嵌宝石珠玉等。挑心的簪脚较宽，垂直向下插入髻顶内部，或者将簪脚上部弯曲后固定在鬏髻侧边，仍使簪首处于髻顶的中心位置。江苏武进王洛家族墓继室徐氏簪戴的挑心，以佛像为簪首，这也正是挑心最常见的式样。上海浦东陆家嘴陆氏墓陆深夫人簪戴的一件，簪首高5.4cm。以金片打作出来的重台莲花为座，一边弯出一支金莲蓬头，座上立着羊脂玉观音，两片金叶儿作底，衬了金累丝的托儿，托儿上嵌着一颗红宝石。观音身后衬一个"寿"字，长约10cm的银簪脚在北面折作一个弯钩，垂直后伸。

图6-5　麻姑献寿挑心

　　簪首宽且呈弧形的一类发簪称为分心，形似头箍，正面似山峰，簪脚多与簪首垂直，可分为前面插戴和后面插戴两种，分别称为前分心和后分心。分心的样式有佛像、观音、梵字、花卉及神仙人物等，以观音最为流行。1987年甘肃兰州白衣寺多子塔出土了两件观音造型分心，一件为金镶玉送子观音满池娇分心，另一件为金镶玉鱼篮观音分心，均收藏于兰州市博物馆。

　　图6-6为金镶宝石王母骑青鸾分心。

图6-6　金镶宝石王母骑青鸾分心

6. 掩鬓

　　掩鬓，又称"边花"或"鬓边花"，插戴于左右两鬓，因此总是成双成对，相当于现在的发夹。簪柄均为扁平条状，插戴时自下而上倒插入发内，用以压发和装饰。掩鬓的通行样式是云朵式造型，云朵之上加饰各种吉祥纹样。江西南昌青云谱老龙窝明墓出土的一对双凤穿花金掩鬓，通长15.5cm、宽6.8cm，簪首左右相对，呈云形，皆由前后两枚金片用细金丝固定而成，正面金片錾刻镂空图案，中间饰牡丹花，两旁有翔凤一对，四周点缀缠枝花叶，背部金片为素面，焊接簪脚。掩鬓的造型除了一侧带尾的云形外，还有一种所谓的"团花形"，簪首轮廓左右对称，近似如意云头，如明衡山王墓出土的如意云形金掩鬓，通长14.7～15cm，簪首宽4.2cm，为正面如意云形，尖端朝上，饰以镂空的鸾凤穿花图案。大部分掩鬓的簪脚为单股，但也有一些是双股簪脚，如1963年南京太平门外板仓出土的仙人金掩鬓和1966年南京太平门外蒋王庙出土的婴戏莲金掩鬓，两件掩鬓的大小、风格都很接近，簪首背面均焊接双股扁平簪脚（图6-7、图6-8）。

图6-7　青玉镂空鸾鸟牡丹掩鬓

图6-8　楼阁人物金掩鬓

7. 事件

明代有一种金银制成的实用性配饰，俗称"事件"或"事儿"。根据工具数量称作"三事""七事"等。所谓"三事"，是指明代人们随身携带的卫生用具，其基本组成为牙签、镊子（夹子）、挖耳勺，为修颜、清洁之用。"三事"只是泛称，其"事"以三件最常见，少则可以一两件，多则可达四五件。广安市博物馆收藏有一套明代银"三事"，是标配的"事"三件：牙签、镊子、挖耳勺。牙签通长6.4cm，最宽0.3cm，重2.8g。整体呈多边铆钉状，中部一圆珠结构将牙签分为上下两部分，上部分是五面体，上小下大，顶端有一个外五边内圆孔的帽头，套有圆链环；下部分是四棱锥体，上大下尖。镊子通长6.3cm，最宽0.5cm，厚0.5cm，重4.8g。器身整体分成两片，上窄下宽，顶端有一个外五边内圆孔的帽头，套有一圆环，尾部相向内弯成夹。挖耳勺长6.5cm，宽2cm，厚2cm，重3.3g。中部一个圆珠状结构将其分为上下两个部分，上部分为五面体，上小下大，顶端有一个外五边内圆孔的帽头，套有长1.9cm的链条；下部分是五面体，内侧宽平，尾部内凹成边缘光滑的勺子（图6-9）。

图6-9 银事件

🙠 第二节 巧夺天工——花丝镶嵌 🙢

花丝镶嵌，又叫细金工艺、累丝，是一门传承久远的中国传统手工技艺，主要用于皇家饰品的制作。为"花丝"和"镶嵌"两种制作技艺的结合。花丝选用金、银、铜为原料，采用掐、填、攒、焊、编织、堆垒等传统技法。镶嵌以挫、镂、捶、闷、打、崩、挤、镶等技法，将金属片做成托和瓜子形凹槽，再镶以珍珠、宝石（图6-10）。

图6-10　花丝镶嵌珐琅扇

　　花丝镶嵌工艺起源于春秋战国金银错工艺，在明代中晚期达到高超的艺术水平，尤以编织、堆垒技法见长，而且还常用点翠工艺，取得金碧辉煌的效果。明代花丝镶嵌首饰改变了中华民族传统首饰重纹饰轻宝石的传统。清代宝石资源逐渐枯竭，采用点翠和烧蓝来替代宝石的位置（图6-11、图6-12）。

图6-11　银鎏金累丝宝石如意摆件

图 6-12 银鎏金累丝嵌宝白玉胸饰

　　明代北京银作局制作的金冠、凤冠和各种首饰，达到了很高艺术水平。用金银珠宝制作装饰品和生活用具，数量大得惊人，工艺技巧高超，制作精细入微，集传统花丝、镂雕、錾刻、镶嵌技术之大成。豪华精美品种繁多，如金丝织成金冠、凤冠，嵌玉金花仅定陵出土就有数百件。江西南城出土"益庄王金丝冠""金丝楼阁编花头饰"。明代首饰题材主要继承宋、元时期的世俗化风格，龙凤、花鸟、昆虫、宗教等为主要题材。不同的是所有的造型都由宝石作为主体组合而成，采用花丝镶嵌宝石工艺制作。明代艺人用极细的金丝编织成的万历皇帝金丝翼善冠（图 6-13），高 24cm，冠身薄如轻纱，空隙均匀，金冠上端有龙戏珠图案，造型讲究，堪称一代杰作。金丝翼善冠由前屋、后山和翅三部分构成，分别运用 518 根、334 根、70 余根直径 0.2mm 的金丝编织而成。金冠整体轻盈通透，金丝编织均匀得体，无明显结头，两条金龙由金花丝堆垒而成，附着于后山上，生动威武，体现出了当时制作者高超的工艺技术。

　　明定陵出土的孝端、孝靖二位皇后的凤冠，不仅是花丝镶嵌少见的珍品，也是花丝镶嵌的大件器物。两个后妃所戴金簪所表现的题材十分广泛，包括花卉、蝴蝶、飞鸟、龙凤、几何图案、吉祥图案、文字等。定陵共出土五百余件首饰及金银制品，品种有簪、冠、带饰、扣饰、各种器物等。其制作工艺大致有花丝工艺、錾花工艺、镶嵌和"制胎"等。这些器物很少单用一种工艺制作，往往采用两种或两种以上工艺，其中的一种或用作陪衬，或用作点缀，以达到较完美的艺术效果。北京右安门

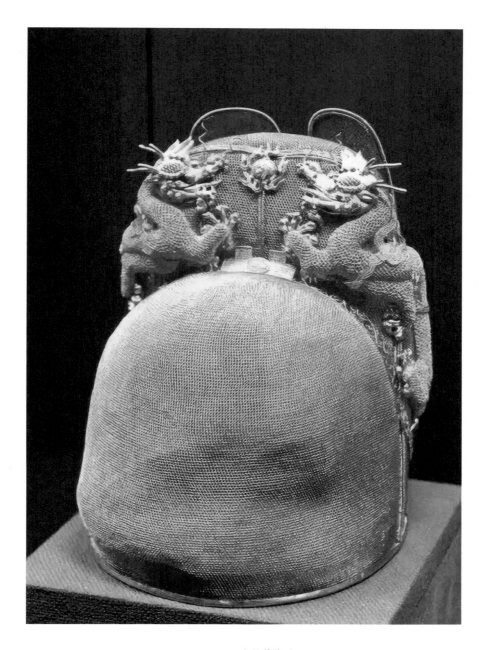

图6-13　金丝翼善冠

外明墓出土的"嵌宝石葵花形金簪",就是其中一件典型的花丝镶嵌作品。它通长13.5cm,以葵花为大形,分三层纹饰,花心以黄色碧玺为中心,由花丝掐成的花蕊围在碧玺周围,石碗周围更焊接了一圈正向搓的花丝以使其立体性更强。花心的外圈,有八瓣镶嵌着红宝石的花瓣,花瓣边缘同样围有花丝,最外圈的花瓣还镶嵌有红、蓝相间的彩色宝石,使首饰的色彩更加丰富。重叠的花瓣与装饰的花丝使整件制品生动、立体(图6-14、图6-15)。

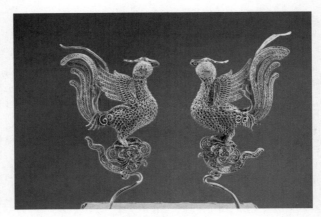

图6-14 累丝金凤簪

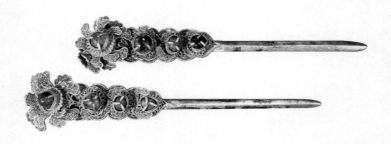

图6-15 金累丝镶宝石牡丹发簪

第七章

清代时期

清朝是中国历史上最后一个封建王朝。清朝时期，统一多民族国家得到巩固和发展，期间中国古代的专制主义也推向了最高峰。清前期"康乾盛世"的国力强盛，主要体现在农业、手工业、商业均取得较大幅度发展，江南出现了密集的商业城市，并在全国出现了大商帮，成为中国封建社会经济发展的高峰。

第一节　清代的头饰

清代首饰以金银、翠玉、珍珠及各种质地的宝石来制作，精雕细琢，在制作工艺上采用了累丝、镶嵌等技法，再加上清代特有的掐金丝和点翠等工艺，使清代的宫廷女子们显得更加高贵典雅，美丽动人，也体现了匠师们高超的工艺水平。

一、朝服冠

在朝服制中所使用的冠帽即朝服，清代的朝服冠分为男、女两种形式。

清代男子的冠帽，其形制有二种：一为冬天所戴，名为暖帽；二为夏天所戴，名为凉帽。暖帽的形制，多为圆形，周围有一道檐边，材料多为皮制，有貂鼠、海獭、狐狸等材质，也有用缎制及布制的，颜色为黑色居多。凉帽的形制，无檐，如圆锥形。材料多为藤、竹制成。外裹绫罗，多用白色，也有用湖色、黄色等。顶戴花翎，是清代官员装饰品。顶戴花翎虽为一体，却是"顶戴"和"花翎"两个部分（图7-1）。顶戴，就是官员戴的帽顶，上缀顶珠，顶珠是区别官职的重要标志。按照清朝礼仪：一品官员顶珠红宝石，二品珊瑚，三品蓝宝石，四品青金石，五品水晶，六品砗磲，七品素金，八品阴文镂花金，九品阳文镂花金。

图 7-1　四品顶戴花翎一套

清朝的礼帽，在顶珠下有翎管，质为白玉或翡翠，用以安插翎枝。花翎（图7-2），是皇帝特赐的插在帽上的装饰品，一般是赏给有功的人或对朝廷有特殊贡献的人。清翎枝分蓝翎和花翎两种。蓝翎为鹖羽所做，花翎为孔雀羽所做。花翎又分一眼、二眼、三眼，三眼最尊贵；所谓"眼"指的是花翎上眼状的圆，一个圆圈就算做一眼。花翎在清朝是一种辨等威、昭品秩的标志，非一般官员所能戴用；其作用是昭明等级、赏赐军功。蓝翎是与花翎性质相同的一种冠饰，又称为"染蓝翎"，以染成蓝色的鹖鸟羽毛所做，无眼。赐予六品以下、在皇宫和王府当差的侍卫官员享戴，也可以赏赐建有军功的低级军官。

图 7-2　花翎

清朝女子朝服冠也有冬、夏两款之分。据《大清会典》记载：皇后朝冠，冬用薰貂，夏以青绒为之。顶三层，贯东珠各一，皆承以金凤，饰东珠各三，珍珠各十七，上衔大东珠一。朱纬上周缀金凤七，饰东珠各九，猫睛石各一，珍珠各二十一。后金翟一，饰猫睛石一，小珍珠十六。翟尾垂珠，五行二就，共珍珠三百有二。每行大珍珠一，中间金衔青金石结一，饰东珠、珍珠各六，末缀珊瑚。冠后护领垂明黄绦二，末缀宝石，青缎为带。皇贵妃与皇后的差别在于翟尾垂珠三行二就，嵌珠少。贵妃，与皇贵妃制同，但为金黄绦。妃，冠顶二层，金凤五，金黄绦。嫔，与妃制同，但冠身嵌珠不同（图7-3）。

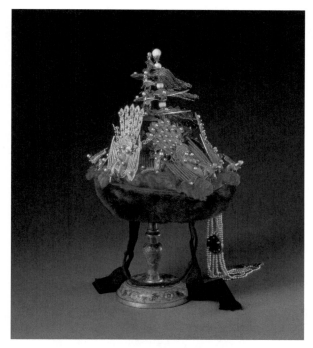

图7-3　貂皮嵌珠冬朝服冠

二、钿子

花钿是用金、银、宝、翠、玉不同材质做成的花朵状的装饰品，清朝的钿子是一种由花钿装饰的帽子状饰物。礼服钿是其中的代表，以金属丝或者藤条为骨，上覆盖一层黑色织物。戴在头上时，冠顶部微微向后倾斜，冠前、冠后再加上珠玉流苏装饰，摇曳端庄。根据"钿花"的不同，清中叶时钿子也逐渐有了半钿、满钿、凤钿之分，到了晚清还有"挑杆钿子"。所谓半钿，实际上指的是"珠翠半饰的钿子"，一般用五块钿花为饰，较为朴素。满钿，则是"珠翠满饰的钿子"，一般用七块钿花为饰，富贵靓丽。凤钿，则是一种特殊的满钿，以其主要钿花均为凤翟形状而得名，其钿花经常比满钿装饰得还要多。至于"挑杆钿子"，则是以满钿为基础，在满钿正面左上和右上两处去掉钿花，改插成排的假绒花，随后在绒花上插小流苏，在钿子左右侧以及后侧插大流苏，这种"挑杆钿子"形制极其繁复，是钿子最复杂的一种类型。常服钿则略显简单，但构造相同（图7-4、图7-5）。

图7-4　点翠嵌宝石花开富贵纹钿子

图7-5　嵌碧玺翠玉花卉钿子

三、扁方

扁方为清代满族妇女梳旗头时所插饰的特殊大簪，均作扁平一字形。从工艺上讲，清代初期，累丝较多，但清朝中后期出现镂空、镶嵌、点翠、烧蓝等工艺，表现方法丰富了许多。晚清宫廷梳"大拉翅"所用的扁方，有的长达一至二寸。清宫的翡翠扁方有的碧绿如水，有的则在翡翠上镶嵌金银、碧空寿字、团花、蝙蝠等吉祥图案。这种珍贵的翡翠制作的扁方，佩戴时贯穿头发左右，那翠绿色的玉色与漆黑的头发，强烈的对比色调造成特殊美的效果。扁方是满族妇女梳"两把头"最主要的工具，相当于汉人妇女发髻上的扁簪。它不仅具有单纯的装饰作用，还能控制发髻不至散落。满族妇女梳"两把头"，最初是把真发分成两把，依靠扁方固定。到了晚清两把头改成以青缎制作，安在头顶上，与真发梳成的头座连接也依靠扁方。制作扁方的材料有玉、翡翠、玳瑁，还有的为金胎镶玉、镶翠或镶嵌其他珠宝，或金錾花、银镀金等。因此，扁方作为固定女性发型的重要头饰，在清代满族女性头饰中起了重大的作用（图7-6、图7-7）。

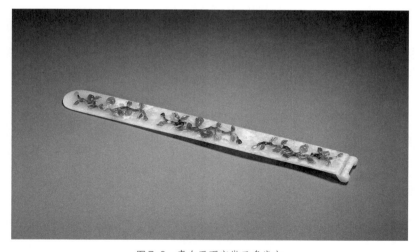

图7-6　青白玉百宝嵌三多扁方

四、大拉翅

两把头（图7-8），是满族妇女最具有代表性的发式，就是把头发束在头顶上，分成两绺，结成横长式的发髻，高高的发髻最为流行；再将后面余发结成一个"燕尾"式的长扁髻，压在后脖领上，使脖颈挺直。两把头是中国清代皇后、妃嫔、公

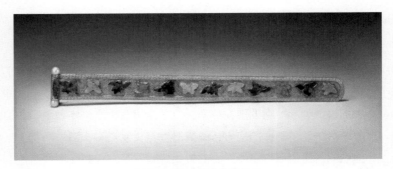

图7-7 金錾花嵌珠宝扁方

主、宫女等在宫内生活的女性，以及贵族妇女、命妇、官员妻妾等入阙时头上常用的装饰物。两把头在清初期只是盘在脑后，且全都使用妇女本身的真发梳成，因此整体造型上较为小且扁矮，但随着时间推移，盘梳的位置向头顶发展，也有将两把头盘得更高更大的趋势，所以在缠梳的过程中开始掺入假发。清朝晚期，发展出一种名为大拉翅的板型冠状饰物，逐渐取代了两把头。"大拉翅"大约出现在光绪年间，又称"旗髻"，是一形似扇面的硬壳，高约一尺余，按头围大小，用铁丝做成骨架，再包上青绒布与青缎，与早期的"小两把头"有些形似，但更高耸，两边的角也更庞大，它集发饰与妆饰为一体，可以按照自己的喜好，挂各式各样的装饰品（图7-9）。

图7-8 梳着小两把头的清朝女子

图7-9　大拉翅

第二节　清代的其他首饰

一、朝珠

朝珠是清代朝服上佩戴的珠串，形状如同和尚胸前挂的念珠。朝臣，凡文官五品、武官四品以上的，本人及妻室或儿女和军机处、侍卫、礼部、国子监、太常寺、光禄寺、鸿胪寺等所属官员穿着朝服时，才得挂用。它是显示身份和地位的标志之一，平民百姓在任何时候都不许佩挂。

朝珠通常由身子、佛头、背云、纪念、大坠、坠角六部分组成，是从佛教的"念珠"衍化而来。每串朝珠的珠数都严格规定为108颗，据称佛教将108作为佛的象征。朝珠每隔27颗珠子加入一颗"佛头"用以间隔，使其在色泽上与朝珠形成强烈、鲜明的对比。"佛头"共有4颗，色泽和大小一致，直径比朝珠大一倍左右，将108颗朝珠四分，也称之为"分珠"，据说是寓意四季。朝珠顶部的那颗佛头上，连缀一塔形"佛头塔"，其穿孔的方式为倒置的"T"字形，即把朝珠的两根线合并在一起，从佛头中间上部的孔中穿出，合二为一。佛头塔的顶端用阔丝带系缀有一块宝石大坠子，大坠上端还垂有一块宝石，称之为"背云"。葫芦状佛头塔的两侧又有三串小珠串，每串10粒，珠串的末端各有用银丝珐琅裹着宝石的小坠角，称为"纪念"。

皇后朝珠须佩戴三盘，东珠一盘正佩于胸前，另外两盘珊瑚朝珠交叉于胸前，由左右肩斜挂至肋下。且女性所戴朝珠两串纪念的一侧在右胸前，与男性正相反。只有皇太后、皇后才能佩戴东珠串成的朝珠。皇贵妃以下至妃为蜜珀1串、珊瑚2串，嫔以下至乡君为珊瑚1串、蜜珀2串。皇太后、皇后朝服佩戴朝珠三盘，东珠一，珊瑚二。清代的朝珠多用东珠、翡翠、玛瑙、琥珀、珊瑚、象牙、水晶、沉香、青金石、和田玉、绿松石、宝石、碧玺、伽楠香、桃核、芙蓉石等世间珍物琢制，以明黄、金黄及石青色等诸色绦为饰，由项上垂挂于胸前（图7-10）。

图7-10　碧玺朝珠

二、领约

领约是清代旗人女性专用的颈饰。从本质上而言，领约也是一种不具有功能性，仅仅是为美观而形成的纯粹装饰品。领约的形制，是先以金、银一类的贵重金属为材质制成活口开合式的环形。这个环形以开口处为"后"，以开口处的相反方向为"前"，以戴在脖子上之后贴着袍褂的一面为"背面"，外表能看到的为"正面"。领约是挂用在脖颈上的，要先穿着好朝服袍和朝服褂，再挂好朝珠，最后再戴上领约。故而领约是压于披领、朝珠之上的（图7-11）。

图7-11　红珊瑚点翠领约

三、耳饰

清代礼俗，上至后妃，下至七品命妇，着礼服时皆左右耳各戴三具耳坠。满族女性从小就要在耳垂上扎三个小孔，同时戴上三只用名贵材料制成的耳环，即"一耳三钳"，这个旧俗也是满族妇女所必须遵守的，清代宫廷后妃及民间女皆此装束。所以，"一耳三钳"其实也是身份尊贵的象征。皇帝的后妃耳饰皆为金龙蟒衔东珠各2颗，惟东珠品质有等差。皇子福晋以下等贵族夫人则为金云衔珠2颗。皇太后、皇后耳饰左右各三，每具金龙衔一等东珠各二。《钦定大清会典事例》卷二百六十一记载：皇后"耳饰，左右各三，每具金龙衔一等东珠各二"；皇贵妃"耳饰，左右各三，每具金龙衔二等东珠各二"；妃"耳饰，左右各三，每具金龙衔三等东珠各二"；嫔"耳饰，左右各三，每具金龙衔四等东珠各二"。见图7-12、图7-13。

图7-12 金环镶东珠耳饰

四、扳指

扳指是满族男子套在右手大拇指上的呈短管状的饰物。根据史料记载，扳指的前身叫做韘，音同射，《说文解字》中曰"韘，射也"，说明此器为骑射之具。多呈圆筒状，一端边缘往里凹，一端边沿向前凸（图7-14）。最初是为了练习射箭用的，戴在左手拇指上，正下方有一个槽，用来扣住弓弦以便拉箭，这样拉弓射箭的时候可以防止快速的箭擦伤手指。清朝时原先的功用逐渐弱化，演变为一种用以炫富的装饰品，上自皇帝与王公大臣，下至满汉各旗子弟及富商巨贾，虽尊卑不同而皆喜佩戴，进而成为一种装饰、身份以及流行趋势的象征。满清入关后，扳指的质地亦由原来的鹿角，发展为犀角、象牙、水晶、和田玉、瓷、翡翠、碧玺等名贵的原料（图7-15）。

图7-13 银镀金嵌珠梅蝶竹叶纹钳子

图7-14 鞢

图 7-15 碧玉扳指

第三节 蓝色工艺——点翠传奇

　　点翠是我国古老的传统工艺，是用翠鸟的羽毛粘贴在金银制成的金属底托上而制成的，点翠工艺首饰有着独一无二的特点，羽毛柔细，且色彩经久不褪。因此，历经数百年的点翠饰品仍会明艳如初。点翠工艺历史可谓源远流长，战国时期的故事《买椟还珠》中的楚国商人木匣"缀以珠玉，饰以玫瑰，辑以羽翠"，就是由点翠装饰的。而南朝梁第二任皇帝给点翠工艺取名"谁家总角歧路阴，裁红点翠愁人心"，由此可见点翠的历史可谓十分悠久。到了明清时期点翠工艺蓬勃发展，继承发展了金属制胎且研制了更复杂的制作形式，使点翠演化为一门独特的金工工艺，并作为金银首饰的重要修饰。清朝作为点翠的发展巅峰时期，甚至设立了专门的造办处，收集翠羽，制造点翠首饰。点翠工艺的原料采用的是翠鸟羽毛，即翠羽。先用金、镏金或银做成不同样式的底座，再将翠鸟身上最鲜艳亮丽的蓝色背羽镶嵌至底座之中，使用熬制的胶进行黏合，从而制成各种各样的首饰制品（图 7-16）。

图7-16 点翠钿子局部

铜镀金累丝点翠嵌珠石凤钿（图7-17），此为光绪帝皇后穿吉服时所戴。钿子用藤片做骨架，以青色丝线缠绕编结成网状。钿上部圈以点翠镂空古钱纹头面，下衬红色丝绒。钿口饰金凤六，钿尾饰金凤五，下饰金翟鸟七，均口衔各种串珠宝石璎珞，具有很好的装饰效果。

图7-17 铜镀金累丝点翠嵌珠石凤钿

铜镀金点翠嵌珠宝双喜纹钿花一套（图7-18），包括长方形钿花十一件，圆形钿花二件。长方形横6.3cm，纵4.5cm；圆形直径8cm，翠条横19cm，纵2.7cm。长条形翠条件，以银镀金嵌点翠为衬底，珊瑚米珠装饰双喜字，上嵌假珠一颗，为大婚之时装饰于钿子之上的钿花。

图7-18　铜镀金点翠嵌珠宝双喜纹钿花

银镀金嵌珠双龙纹翠条（图7-19），横24.5cm，纵5cm，银镀金点翠祥云衬底，龙头、龙尾、龙爪、龙脊点翠。龙头为缉米珠，龙须、龙睛嵌珠，龙角为珊瑚枝，缉米珠、珊瑚米珠装饰龙身及火焰。火珠为珊瑚米珠。缉米珠、珊瑚米珠层层堆叠，火珠中央嵌珠。翠条造型生动，工艺繁复，装饰风格华丽。

图7-19　银镀金嵌珠双龙纹翠条

银镀金荷叶纹簪（图7-20），横8cm，纵8cm。面簪为银镀金质地，造型为一朵正在盛开的荷花，花蕾之上嵌假珠。荷花各花瓣之上交错镶嵌假珠、碧玺等，荷花在清新自然之余又显出艳丽娇美，荷花之下衬以点翠荷叶。

图 7-20 银镀金荷叶纹簪

点翠凤吹牡丹纹头面（图 7-21），横 30cm，纵 15cm。点翠头面近似半圆形。头面正中牡丹花一朵。牡丹花两侧围绕振翅飞翔的凤凰各一只。此件头面乃钿子顶部装饰物。头面使用两种翠羽颜色装饰，金黄色点缀花蕊与部分凤尾，色彩层次分明，牡丹花与凤凰留有镀金边勾勒边沿，显得华丽富贵。凤吹牡丹寓意"荣华富贵"，是清代以来象征吉庆寓意的常用体裁。

图 7-21 点翠凤吹牡丹纹头面

　　银镀金嵌宝石花簪（图 7-22），横 3.2cm，纵 19cm。头簪为一对，银镀金点翠枝叶衬底，依次竖向镶嵌五朵蓝宝石围绕成的花朵。花心为银镀金联珠纹嵌珍珠一颗。花朵之间装饰红宝石花蕾。簪挺较短。头簪镶嵌华丽，装饰风格沉稳大气。

图 7-22　银镀金嵌宝石花簪

　　银镀金嵌珠宝扁豆蝴蝶纹簪（图 7-23），横 12.5cm，纵 6cm。头簪成一对，银

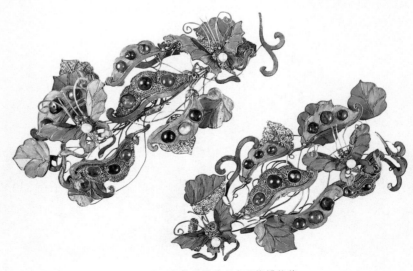

图 7-23　银镀金嵌珠宝扁豆蝴蝶纹簪

镀金点翠。头花造型立体，点翠蝴蝶两只，蝶身累丝镶嵌假珠。累丝扁豆两个，镶嵌红宝石三颗。点翠扁豆三个，镶嵌红宝石、碧玺、翡翠等。枝叶或点翠，或半累丝半点翠。

　　银镀金年年如意纹簪（图7-24），横9cm，纵6cm。头簪成一对，银镀金质地。累丝鲶鱼一尾，鱼脊点翠。鲶鱼上方为累丝如意，如意头中央嵌珠一颗，如意尾嵌珠三颗，枝叶点翠。如意周围红宝石玻璃嵌花，装饰风格华丽。

图7-24　银镀金年年如意纹簪

第二部分

| 世 界 篇 |

第八章

古代西亚文明

古代西亚文明按照地理划分可以分成 6 块，美索不达米亚（两河流域）、伊朗高原、阿拉伯半岛、地中海东岸、高加索山区和小亚细亚。这片土地孕育了许多人类早期文明，尤其是灿烂辉煌的两河流域文明，其创造的楔形文字大大地推进了文明进程，让大量神话和史诗得以广泛传播。

西亚的早期人类文化遗存主要集中在伊拉克、叙利亚、土耳其和伊朗，这片区域诞生的珠宝首饰艺术也十分值得品味。它们之间相互影响、相互交流、相互转化，最终形成了独树一帜的古西亚装饰文明。单就首饰来说，两河流域的苏美尔文明、地中海附近的腓尼基文明以及伊朗高原的波斯文明，都是古代西亚地区珠宝首饰的代表，尤其是腓尼基文明的首饰风格和工艺深深地影响了后来的希腊文明。

第一节　古代两河流域文明
（公元前 5000 年—公元 538 年）

古代两河流域是古代文明的杰出代表，在这里，曾崛起过多处杰出的文明，虽然它们早已衰落无踪，但是从出土的饰品上还依稀能窥见其昔日的辉煌。古代两河流域的代表性文明，包括苏美尔、阿卡德、巴比伦、亚述等，这些古文明对后世的多种文明都产生了极为深远的影响。两河流域指位于西亚的幼发拉底河和底格里斯河间的流域，也称"美索不达米亚"。在古代，两河流域的北部是亚述，南部为巴比伦，巴比伦的南部是苏美尔，北部是阿卡德。

在对西亚时期遗址的发掘中，珠串是最常见的物件，生活在 5000 年前的人们也跟我们一样喜欢闪亮而稀有的装饰材料，对材料的需求，也许成了当时广泛贸易活动发展起来的重要诱因之一。

其中黑曜石广为传播，它是一种产自土耳其的火山玻璃岩，最早曾用于制造锋利的工具，后被用来制作首饰。伊拉克出土的一条约制作于公元前 5000 年的项链，上面有带有黑曜石珠和沿海地区风格的嵌红赭石贝壳，但是其中却穿有一颗仿制成黑曜石的黑色黏土珠，因为当时黑曜石数量很少（图 8-1）。

图 8-1 伊拉克出土的黑曜石项链

图 8-2 手拿松果体的苏美尔神

苏美尔人建立的苏美尔文明（Sumer，公元前 4100 年—公元前 2000 年）是整个两河流域文明中最早的，公元前 4000 年苏美尔人曾在今日的巴格达南部地区建立起一座繁华的城邦——乌尔（Ur）。图 8-2 中的苏美尔神手拿松果体（据说灵魂是在松果体中），戴着各种饰品。

乌尔皇家墓葬群的历史可以追溯到公元前 2500 年，墓地里每一具皇族成员的尸体旁边都伴有其他尸体——他们身着特殊的苏美尔礼服、佩戴着精美的陪葬首饰，作为士兵或者女仆护送国王和王后前往另一个世界。

乌尔皇陵的首饰主要由金、银、青金石和半透明的红玉髓四种材料制成：贵金属可能来自土耳其高地；青金石的来源可能是现今阿富汗的东北部；红玉髓中至少有一部分从印度而来。玛瑙在当时也被少量使用。见图 8-3、图 8-4。

女人们的首饰要精致得多，包括带有黄金花朵的头饰、巨大的新月形耳环、紧贴在脖子上的项圈、华美的项链、扣衣服的大别针，还有其他各种功能未知的饰物。

普阿比女王（Pu-abi）的墓葬中，埋藏了最美的苏美尔工艺品。乌尔城其他皇家陵墓的陪葬品都无法与她的相比（图8-5）。

图8-3　出土的乌尔王朝项链

图8-4　出土的乌尔王朝黄金红玉髓头

图8-5　乌尔皇陵出土的女性饰品

第二节　腓尼基文明
（公元前 1200 年—公元前 333 年）

腓尼基（Phoenician）是地中海东岸古国，沿着今天黎巴嫩和叙利亚的海岸线，曾遍布着腓尼基人的城市。腓尼基人以航海、经商和贩卖奴隶闻名，在周边地区起到了重要的沟通交流作用，包括珠宝首饰的交流与发展。正因为腓尼基人主要从事商业和航行事业，经常坐着船到各地去做买卖，在做买卖记账时，觉得当时流行的楔形文字太繁难，需要有一种简便的文字作为记载和交往的工具，他们在埃及字母的基础上，创造出用22个辅音字母表示的文字。

　　腓尼基文明地区出土了大量精美绝伦，令现代人都叹为观止的首饰，堪称时代的典范，后来欧洲人学会了腓尼基的首饰制作技术，并开启了属于自己的首饰时代。很多腓尼基首饰通过复杂的工艺打造出奢华的效果，却只花费较少的成本。多彩的玻璃项链也很流行（图8-6）。腓尼基首饰的装饰图案和主题大都源自埃及，不过有时也会根据自己的文化改变图案的形状，或混入其他内容（图8-7、图8-8）。

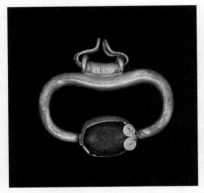

图8-6　腓尼基嵌玻璃黄金吊坠

图8-7　腓尼基黄金雕刻戒指

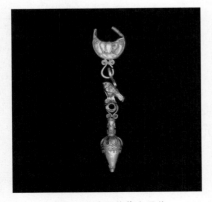

图8-8　腓尼基黄金耳饰

图8-9　琉璃蜻蜓眼珠串

腓尼基人在公元前1200年—前500年左右在地中海一带的海路通商非常活跃，尤其在公元前8世纪左右往后几百年，腓尼基和古希腊除控制了地中海和黑海，甚至延伸到英国南部海岸，并影响东非、北非、中欧等地区，琉璃蜻蜓眼（图8-9）也随着通商贸易在这些国家流动且达到高峰。腓尼基蜻蜓眼在公元前700年后已在地中海及中欧一带广为流通，包括伊特鲁里亚文明（Etruscan，指古代意大利和科西嘉岛）。

第三节　古代波斯文明
（公元前 2700 年—公元 663 年）

波斯（Persia）是古代伊朗的名称，古代波斯人居住在伊朗高原的西南部，与两河流域及地中海沿岸的安纳托利亚相近。在波斯帝国兴起前，伊朗高原西部曾兴起过埃兰（Elam）和米底（Medes），它们都与当时的两河流域的国家有密切的关系。埃兰亡于亚述，米底与新巴比伦王国结盟灭亡了亚述。

公元前550年，波斯王国的阿契美尼德王朝（Achaemenid）统一了伊朗这片土地。由于大量地使用黄金，使得这一时期的首饰在总体效果上显得十分壮观，这些种类不同、数量繁多的金饰——波斯国王和他们的高级官员、保镖所佩戴。

一、前波斯时期

前波斯时期主要是以埃兰和米底这两个古国为主，虽然埃兰和米底尚未被希腊人称为波斯，但却是波斯地区历史上一个不可或缺的部分。这一时期的贵金属工艺制品，不论在造型、装饰、制造工艺上，还是在功能的设计上，都达到了极高的程度。埃兰王国时期波斯的金属工艺就相当成熟，出现了造型单纯、装饰典雅的银器，比如跪坐牛形银角杯（图8-10），风格古朴、雅致。米底时期，实用的青铜器具是工艺美术的精髓。

这一时期的青铜器纹饰中既有具象的动物、人物，也有抽象的几何纹饰，主题丰富多彩。几何纹饰以放射性构图为主，但也极富变化。动物和人物纹饰风格抽象，却又能精准把握描绘对象的特征和姿态，既不像两河流域那么写实，也不像东方的会意而庄严，却是自有一番意趣。

图 8-10　跪坐牛形银角杯

二、阿契美尼德帝国时期

这一时期的金属制品以金银制品为主，造型生动，制作精湛，具有豪华典雅的风格，充满了宫廷艺术的气质和享乐主义的色彩。动物形态与器皿造型的结合，造就了实用与完美共存的工艺品。大量的金属餐具、玩具、武器及首饰在这一时期出现，这些工艺品与翼狮形角杯具有相同的艺术风格：精美豪华，雍容华丽。如黄金碗、翼狮形镀金银手镯等为代表，以及各式各样的金属钱币（图 8-11）。

图 8-11　阿契美尼德时期埃及风项饰

双狮手镯（图 8-12）出土自阿契美尼德帝国一位重要大臣的墓中，镶嵌着绿松石与青金石的鬃毛以及相互对抗的两头狮子都是这个手镯上十足的亮点，掐丝、珐琅、内填、浮雕技术的熟练运用，使这两头猛兽活灵活现，凶猛而庄严。如果你来到它所在的展厅，你会惊讶地发现在它的周围还有很多作品都拥有相似的动物对抗图案，在古代波斯这绝对是最为盛行的装饰。

图 8-12 波斯帝国的双狮手镯

亚述王朝在公元前 7 世纪末期的新巴比伦建立起来，然后被阿契美尼德的波斯帝国所取代，就是现在的伊朗地区。波斯大陆的首饰一定程度上受到了西方世界的影响，但是工艺技术趋向简单，对黄金的大量使用使它们令人印象深刻。1877 年发掘于亚洲中部的奥克苏斯流域的一个黄金宝藏——奥克苏斯宝藏（Oxus Treasure），展现了波斯宫廷中纷繁多样的首饰。希腊的历史学家们热衷于对这些有着不同寻常重量的黄金饰物进行研究，他们提出，这些属于波斯帝王和行政高官们还有警卫的首饰有着各种各样的款式，不仅仅是手镯和金属项圈，同样还有用于缝制在衣服上的装饰品。

奥克苏斯宝藏是阿契美尼德时期非常重要的宝藏，宝藏大部分被划定为产自公元前五至前四世纪，大部分存于大英博物馆。奥克苏斯宝藏中的首饰浑然天成，这确实与其他奥克苏斯宝藏不同，当学者们尝试去推测它们的起源时，他们发现是那么难以确定。因为并不确定它们都来自一个单独的宝藏；即使它们是来自于一个宝藏，但是它们中间所包含的寺庙贡品也许已经有 200 年以上的历史了。大量首饰可能在公元前 330 年时当希腊的亚历山大大帝的军队进入亚洲中心时被藏了起来，波斯时期的这些贡品就这样保存了下来。

许多来自奥克苏斯的出土文物，向世人展现了波斯人从美索不达米亚和埃兰继承下来的传统。因此末端饰有动物头的手镯在公元前 9 世纪的亚述雕塑中便已十分常见，同样在古董中也有许多与之相似的物件。来自伊朗的早期黄金手镯，十分精致且富有想象力。来自奥克苏斯宝藏的黄金护身符，末端装饰有一个与众不同的新造型——波斯的狮身鹫首的怪兽；这些造型多端的怪兽都带有凸角，高高的耳朵，身体和前腿都是狮子的，背后还有翅膀，头和后腿是老鹰的。这种壮丽独特却又不切实际的护身符，可能被设计出来用于特殊的仪式场合，这是波斯化风格的格里芬兽。

　　来自奥克苏斯宝藏的一对黄金臂环之一（公元前500—公元前400年）高12.4cm，臂环的环部几乎是实心的（图8-13），但是到端部开始变成空心的，并装饰有带翼的格里芬像。它们的角、脸和身体上原本都带有镶嵌物。格里芬原为希腊神话中的神兽狮鹫（Griffin），希腊神话中一种鹰头狮身有翅的怪兽，亦作"Griffon"或"Gryphon"。

图8-13　奥克苏斯宝藏出土的一对黄金臂环之一

图8-14　奥克苏斯宝藏中的黄金头饰

　　奥克苏斯宝藏中出土了很多黄金首饰，有缠绕成三圈的饰环，饰环的端部为公羊头。精致的抽象格里芬兽浮雕饰品，格里芬的形象今天仍然清晰易辨，但是它的尾巴缩在一片叶子里，它的腿部也并非正常的结构，有些变形。后面有两根平行针，作用尚不明确，可能是用来扣紧头巾的。还有一枚戒指，最初带有镶嵌物，它用镂空技法表现了一头高度抽象扭曲的狮子。除此之外，还有手镯，有的带有明显的波斯风格，它们的端部分别是狮子头、公羊头和鸭子头装饰，还有的是抽象的格里芬兽（图8-14）。

　　可惜的是，有一些宝藏可能已经毁掉了，与同一时期的奥克苏斯宝藏一样，其中有一条来自帕萨尔加德（Pasargadae）的古老波斯首都的珍珠项链，证明珍珠在很早以前就是一种珍贵的首饰材料，不过保存下来的却很少。

三、帕提亚王朝和萨珊王朝

公元前336年，亚历山大的军队占领了埃及、欧洲东南部和部分西亚地区。在这个庞大帝国的东边，有一个同样富裕的帝国帕提亚（Parthian Empire）。但从某些方面来说，帕提亚帝国也是希腊世界的一部分，它的首饰反映出它和希腊文化之间的紧密联系。帕提亚金属工艺品留下来的很少，但善于制作大型金工作品，风格强烈、粗犷，少有精细之作（图8-15）。

图8-15　帕提亚王朝时期首饰

萨珊王朝（Sassanid Empire）金属工艺得到复兴，在继承了阿契美尼德王朝的优秀传统、表现技法、装饰内容后又有所更新发展，特别是对银器的制造有突破性的发展。其造型讲究，装饰细腻，制作精致，典雅华美。银器的造型以杯、盘、执壶、碗为主，以长杯最有特色，被称作"八曲长杯"，长杯的装饰纹样主要出现在杯子的外壁和底部，纹样的分布繁密，装饰效果良好。

第九章

古代埃及文明

❧ 第一节　古代埃及文明概述 ❧

　　古代埃及是"四大文明古国"之一，其发展的最大特点是封闭的自成体系的完整性与系统化特征。古代希腊历史学家希罗多德说"埃及是尼罗河的赠礼"。它东接阿拉伯沙漠，南傍荒瘠的高山，西靠撒哈拉，北临地中海，是块完整而封闭的绿洲。公元前 3200 年上下，埃及的统治权分属于两位君王。他们曾进行一次次权力竞争，结果是下埃及屈尊为臣，埃及统一为早期王朝，埃及文明由此逐步形成。从第三王朝开始进入古王国，尔后是中王国，接着外族篡政，第十八王朝力逐群虏而建新王国，公元前 332 年亚历山大终于征服埃及。

　　古埃及文明形成于公元前 4000 年左右，古埃及有自己的文字系统、完善的政治体系和多神信仰的宗教系统，其统治者称为法老，在古王国时期主神是鹰神荷鲁斯，后来改为太阳神拉，中王国时期则主要崇拜阿蒙，新王国时期拉和阿蒙相结合，形成主神阿蒙拉。在国家统一崇拜主神的同时，各个地方仍然崇拜原来地方的神。

　　历史学家们把埃及历史分为早期王国时期、古王国时期、第一中间时期、中王国时期、第二中间时期、新王国时期、后期王国时期等几个阶段（表 9-1），公元前525 年以后，埃及基本上处于波斯的统治下。

表 9-1　古代埃及的历史时期

年代（公元前）/年	历史时期
约 5000—4000	金石并用时期
4000—约 3000	城邦、双国时期
约 3000—2686	早期王国时期

续表

年代（公元前）/ 年	历史时期
约 2686—2181	古王国时期
约 2181—2133	第一中间时期
约 2133—1786	中王国时期
1786—1567	第二中间时期
约 1567—1085	帝国 / 新王国时期
约 1085—525	后期王国时期

第二节　艺术风格与工艺技术

一、艺术风格

埃及人的美术，无论是绘画、雕塑还是建筑，都脱离了史前艺术的混沌阶段，在表现形式上开始有了一致的、可以延续与积累的"风格"。这也是一般西方美术通常都以埃及作为起点的原因。

埃及的美术风格倾向于一种高度秩序的建立，无论是多么繁杂的内容，多么纷乱的场景，多么曲折的情节，埃及人似乎总希望把它们归纳成一种几何性的符号，有条不紊地排列安置在规矩的空间之中。

埃及建筑中的金字塔是我们最熟悉的，用无数裁切准确的巨大石块，建筑成的一座高耸巨大的帝王陵墓。金字塔是一个完全对称的几何形状，比例准确，线条精密。这些金字塔从早期的梯形，逐渐发展成为后期准确、简洁、有力的三角形，是埃及美术风格完成的最佳典型。

1. 对于死亡的独特看法

埃及人的美术和他们对死亡的认知有非常密切的关系，他们相信死后还有另一个延续生命的世界。他们认为身体是灵魂的容器，灵魂每天晚上会离开自己的身体，早上再回来，他们同样相信死后灵魂会复活，必须保留身体使灵魂有自己的居所，所以发明了防腐术和制造木乃伊的技术。

木乃伊是指长久保存的古埃及人尸体，这些尸体能保存数千年是因为它们经过特别的处理。首先处理尸首的专人（一般都带着阿努比斯的面具）将尸首进行内脏清理，最后放入一层又一层棺木里，棺木上大多还画上了美好的祝愿与咒语，祈福死者顺利通过阴阳之关（图9-1、图9-2）。

图9-1　木乃伊棺木

图9-2　阿努比斯在处理尸首

　　木乃伊棺木上的法老王，常常双手持有弯钩和连（链）枷交叉于胸前，意为至高无上的统治者，在冥界也享有权威。弯钩和连枷是权杖的一种，在埃及是权力和地位的象征，一般是法老和神祇使用。弯钩本来为牧人的工具，而连枷本为农业用具，这也从侧面反映出农业在古代埃及的重要地位（图9-3）。

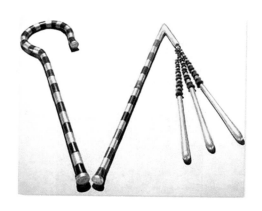

图9-3　弯钩和连枷

　　另一种比较常见的叫瓦斯权杖，意思是"统一"。除此之外，还有权标和花杖。权标是一种具有实用性质的权杖，类似武器；花杖则一般由女神掌握。还有一种叫德秋支柱，是一种组合权杖，由脊柱符号与瓦斯权杖结合，代表着社会秩序和社会的稳定。

2. 服饰艺术

　　古代埃及的服饰文化也是独具特色与众不同的，除了神和法老，普通人是不可以佩戴冠饰的。每逢重大宗教祭祀活动，法老都要戴长冠、穿长裙，还要披上厚厚的斗篷，看上去金光灿灿的。平时的法老王则卸下王冠，包起一种从前额包向脑后打结的头巾，同时在脑袋两侧各垂下一片，上面还会戴上黄金的眼镜蛇和秃鹰冠饰，体现皇家威严（图9-4）。

　　古代埃及人无论贫富都会佩戴首饰，这种对于珠宝首饰的偏好，来源于对珠宝"神力"的信仰。一具罕见的石头木乃伊棺椁曾引起了学界的广泛关注，它的主人是一个几个月大的孩童，而制作这个木乃伊石棺的材料就是绿色的硅孔雀石。在古代埃及绿色代表了健康和复活，所以科学家推测，应该是孩子的父母希望能够通过将孩子葬在这种棺椁之中让他复活。类似的还有黄金在埃及人眼中是"永恒"，青金石是"来自天堂的石头"，绿松石则是"生命和复活"的圣物。古埃及人将这些具有美好寓意的材料制作成首饰穿戴，每日不离身，甚至会将这些首饰带进棺椁。

图9-4　佩戴头巾及眼镜蛇和秃鹰冠饰的法老

古代埃及还有一种十分特殊的装饰品，那就是假发。埃及人戴假发的原因并不是因为秃顶的困扰，而是因为天气炎热容易出汗，头发里就容易生虱子，所以他们会将自己的头发剃掉，佩戴假发让自己的形象更加端庄高贵。假发的款式也是多种多样，出现了变化多端的编发造型，不用的时候还要将假发放进充满香料的盒子里，下一次佩戴的时候就是香喷喷的（图9-5）。

图9-5　古代埃及假发

3. 对黄金的信仰

埃及人认为黄金是太阳神下赐的礼物，是一种神圣的、坚不可摧的金属。他们像崇拜太阳一样崇拜黄金，将之视为权力和生命的象征。埃及人相信神祇的肤色都是金色的，他们的太阳神拉就有纯金的身躯。

黄金也是财富和社会等级的象征，人们会将黄金饰物和其他贵重物品一起放入墓中，以保来世舒适。埃及塞拜克霍太普墓葬的一幅壁画残片上，就描绘了三个人托举着满盘的金锭，手臂上还挂着黄金链子的场景。这些人可能是努比亚人，因为黄金是努比亚的重要产出。但实际上没有人会在墓葬中展示大量的黄金，因为塞拜克霍太普生前的职责之一就是将外国人的供奉交给法老王，在墓葬中绘制这样的壁画，表明了他希望在死后世界中也能继续拥有他的权力和地位。

二、工艺技术

古代埃及的金属工艺特点鲜明，材料上多使用黄金，作品以宫廷制作为主，制作工艺精美，采用宝石与黄金相结合的方法。古埃及人掌握了现代所熟知的黄金加工方法：熔铸、捶打、雕刻、着色、镶接、制（金箔、金线、金丝）等工艺。加工金属制品的方法有捶击或铸造成型法，表面雕刻装饰法，金箔铸造法，家具、棺木和雕刻包金法，金线、金粒制造法，黄金表面敷彩法，加工衔接法等多种技法。

1. 镂雕和冲压

镂雕和冲压技术是埃及黄金首饰制作中常用的工艺。镂雕就是在一片金属上镂刻出镂空的图案，再从金属的正面进行加工，在表面做出图案细节。冲压即利用刺针从金属背面进行加工，图案就在金属正面以浮雕的形式凸显出来。图坦卡蒙（Tutankhamun，公元前1336—公元前1327年）墓出土的苍蝇拍就用到了这种技术，镀金扇背面图案描述的事件是图坦卡蒙正在捕猎鸵鸟（图9-6）。

图9-6　图坦卡蒙的苍蝇拍

　　1922年挖掘的图坦卡蒙墓中就出土了大量精美的珍宝，包括珠宝首饰，墓中的藏品也成了我们探索古老埃及文明的重要途径（图9-7）。

图9-7　图坦卡蒙的镀金王座（安克赫森帕顿王后正在帮助图坦卡蒙梳洗）

2. 累珠

　　累珠也是埃及首饰制作中常见的装饰手法，这是一种将微小的金属圆粒焊在金属表面的技术。它最早出现在乌尔，而在阿美涅姆赫特二世（约公元前1929—公元前1895年）开始在埃及出现（图9-8）。

3. 埃及蓝

古王国时期，为了制作出更加精美的首饰，埃及人创造了一种叫作"埃及蓝"的新颜料（成分主要是硅酸铜钙），它的使用贯穿了整个埃及历史。自然界的天然蓝色颜料十分稀少，埃及蓝的诞生可能是出于对青金石的仿制，因为一开始这种颜色只能从青金石上获取，但是用青金石提取成本太高，无法做到大面积使用，直到古埃及人可以从钙铜硅酸盐中提取，便出现了世界最早的人工颜料——埃及蓝。

最早埃及人是将青金石、绿松石这种天然的蓝色宝石镶嵌在首饰上，后来慢慢出现使用蓝色玻璃仿制宝石镶嵌的首饰，或者将蓝色颜料涂抹在首饰表面，营造出一种大面积蓝色的效果（图9-9）。

图9-8　边缘装饰累珠工艺的坠饰

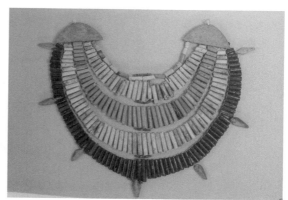

图9-9　穿埃及蓝彩釉珠的宽项圈

第三节　古代埃及的珠宝首饰

珠宝首饰为人类强烈的自我崇拜意识做了一个注解，它也是装饰艺术最古老的一种形式。人们对珠宝有着独具特色的地域式偏爱，比如古代埃及人对黄金的执着、古代美索不达米亚平原人民对黑曜石的热爱，以及古代中国人对玉石的喜爱等。古老而神秘的埃及大地，承载着世人无限的遐想，而精妙绝伦的首饰则承载着埃及厚重的历史。

早在7000年之前的巴达里文化时期的墓葬中，就发现埃及人已经开始使用首饰。古埃及人热爱生活，喜欢打扮，无论是生前还是死后都佩戴首饰。他们认为死后的世界比现世更加重要，是永生的世界，所以位高权重的古埃及人常常进行厚葬，多有珠宝首饰陪葬。他们在绘画中甚至会给动物戴上首饰。

在埃及人的《亡灵书》中记载：红玉髓象征鲜血和生命、青金石象征纯澈的天空、绿松石象征尼罗河的河水、碧玉象征植物和新生。早期最常见的材料是玻璃般的青绿色滑石，它是绿松石和孔雀石的替代品，埃及人常将它串成珠子（图9-10）。

图9-10　多种色彩搭配的项链

一、埃及宽项圈（Wesekh）

埃及人崇拜太阳，他们视法老为太阳之子，法老的首饰是埃及首饰中集大成者。于是由多层珠串网构成的埃及宽项圈开始出现，它的两端一般装饰有鹰首，这种首饰象征权力和荣誉，由皇室专享，也曾被法老赐给社会贤达或勇敢的士兵（图9-11）。

到了第十八王朝的阿玛尔纳时期，埃及宽项圈已与之前有了显著的不同，带有花叶图案的多色釉开始盛行。人们用模子制作出大量背面平整的高彩度海枣叶、罂粟花、曼德拉果、葡萄、莲花、雏菊和茉莉花，穿在一起模仿真正的花环。

一条由釉珠和垂饰组成的埃及宽项圈是当时流行首饰的典型代表。珠串由釉质的曼德拉草果实（上部）、海枣叶（中部）和莲花瓣（下部）组成（图9-12）。

图9-11　鹰首宽项圈

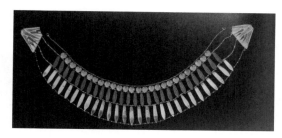

图9-12　植物组合宽项圈

二、项链

　　还有一种与宽项圈不同的吊坠式项链，红玉髓、紫水晶、石榴石、青金石、长石、碧玉、绿松石都是当时常用的宝石材料，古埃及人将它们和黄金组合，琢磨成一颗颗形状一样的珠子，串成项链的链条（图9-13）。

图9-13　圣甲虫老鹰项链

三、耳饰

　　早期的耳饰是以耳塞和耳环两种为主，耳塞可以挂于假发之上。新王国时期会用彩色玻璃仿造宝石做成耳塞，玻璃耳塞和釉质耳塞在造型上都是一致的。从新王国起，耳塞和耳环变得十分普遍，不论男女均有佩戴，男性喜爱首饰的程度可以跟女性并驾齐驱，也喜欢戴戒指、手镯、项链（图9-14、图9-15）。

图9-14　鹰造型耳饰

图9-15　胡狼头耳环

四、戒指

新王国时期戒指开始大量出现，最常见的样式就是那种有一只圣甲虫作为戒面的金属戒指，这个时期的戒指还有一个特点，就是在戒肩上环绕以金丝装饰，金丝从戒面的侧面穿过将其固定。也有其他样式的戒指，如透雕设计的全釉戒指、硬金属做成的马镫形印章戒指等（图9-16、图9-17）。

图9-16 圣甲虫戒指

图9-17 印章戒指

五、胸饰

胸饰是古埃及人佩戴在胸前的一种饰物，它比一般的项链要大许多，多呈正方形，两边会有垂直的挂带挂于颈上，从胸饰到挂带上都会装饰满象征美好祝福的图案。图坦卡蒙墓地陵墓中共发现了3500多件文物，金银首饰占据了很大比例，但是还有一些其他材料的，其中有一件就是装饰有上埃及地区秃鹰图案的护胸，它由镀金瓷器制成，表面涂有玻璃色浆（图9-18、图9-19）。

图9-18 多种元素组合的胸饰

图9-19 秃鹰胸牌

六、臂饰

手镯一直是埃及首饰中不可缺少的一种，第一王朝时期，皇室成员会佩戴一种由象征王徽的矩形饰物构成的手镯，它被称为"王宫之门"，制作的材料没有特定限制，黄金手镯上刻有浅浮雕，用宝石镶嵌，每只手镯的内侧都有铭文。此外还有扭转成螺旋状的黄金手镯和由闪亮珠子串成的手镯，也是十分流行的。王族的手镯上还会装饰有黄金猫，而猫是月亮女神贝斯特的化身，以彰显佩戴者的尊贵身份（图9-20、图9-21）。

图9-20　黄金手镯

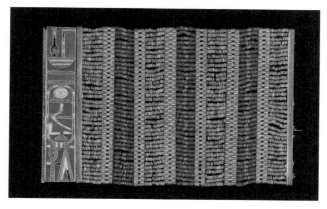

图9-21　链状手镯

❧❧ 第四节　古代埃及首饰中的常见元素 ❧❧

一、圣甲虫

在广大的昆虫世界里，圣甲虫是最神气的——它们的身体外面套着闪出青铜色或者浅翠绿色或者深蓝色光芒的盔甲。在古代埃及，人们将这种甲虫作为图腾之物，当法老王死去时，他的心脏就会被切出来，换上一块缀满圣甲虫的石头（图9-22）。

图9-22　圣甲虫手镯

二、鹰

鹰在古埃及文化中有着特殊的意义，埃及人认为，展翅高飞的雄鹰比任何人都接近太阳，所以鹰被视为太阳神拉和法老守护神荷鲁斯的化身（图9-23）。

图 9-23　鹰形饰片

三、荷鲁斯之眼

荷鲁斯是古代埃及神话中法老的守护神，是王权的象征，是位鹰头人身的神。他的眼睛是太阳和月亮，当新月出现时，他就成了一个瞎子，这时的荷鲁斯十分危险，他有时会把朋友误认为是敌人并对其发起进攻。

"荷鲁斯之眼"意即"无损伤之眼"，指的是荷鲁斯在同塞特搏斗时被挖出的眼睛，之后由月亮神托特治愈。不过这个词也可能指荷鲁斯的右眼，那只未损伤的眼（图 9-24）。

图9-24　荷鲁斯之眼饰片

图9-25　蛇形吊坠

四、蛇

鹰代表了王室的守护神，那么蛇则代表了古代埃及的国王。因为有天上鹰神的守护，蛇象征的国王可以安稳地坐在王位上。在《蛇王碑》上就雕刻有一只鹰和一条蛇，鹰立于蛇的上方，蛇位于一个象征宫殿的长方形框中。蛇也经常被用于法老王的饰品中，装饰在头冠之上，彰显身份地位（图9-25）。

五、生命之符（Ankh）

古代埃及的首饰上还会加上各种各样具有象征意义的符号，其中生命之符就是很常见的一种，它是一个上面圆形的十字架形状，也被装饰在代表王权的权杖之上。生命之符是永生的符号，是古埃及生命的象征（图9-26）。

图9-26　装饰有生命之符的吊坠

六、其他

苍蝇在古代埃及是神勇的象征，法老王会将苍蝇形的首饰赐给有战功的勇士作为奖励，后来慢慢也会赠予其他朝臣。还有一枚黄金蛙饰面的戒指，戒指的底部刻有一只蝎子，这枚戒指可能是一个女人佩戴的护身符，因为青蛙是生育和丰产女神希基特的化身，蝎子则象征着四个死者守护女神之一的塞基特。莲花和圣甲虫一样对于埃及人来说都有重生的寓意，代表了他们所信仰的重生力量（图9-27、图9-28）。

图9-27　装饰有7只苍蝇的护身符

图9-28　雕刻有蝎子造型的戒指

第十章

古代希腊与古代罗马时期

$\approx$ 第一节　古代希腊文明 $\approx$

一、概述

古代希腊的地理范围很广，最强盛的时期包括了希腊半岛、爱琴海诸岛和小亚细亚沿海一带。希腊半岛内多山，少平原与河流，土地贫瘠。但盛产石材、陶土和银等手工业原料，海岸线很长，便于工商业发展。

希腊神话迄今已流传三千余年，辉煌宏大的场景、性格鲜明的人物以及优美曲折的故事情节，使其在世界各地的读者中一直广受欢迎。作为西方文明的两大支柱之一，希腊神话故事同时又是一个展示西方道德观与伦理结构的窗口，是现代人了解西方、认识西方最便捷的通道之一。

希腊神话源于古老的爱琴文明，和中国商周文明略有相似之处。他们是西洋文明的始祖，具有卓越的天性和不凡的想象力。

二、米诺安和迈锡尼

希腊半岛最早的文明是迈锡尼文明（Mycenaean civilization），一切都是从这里开始。据《荷马史诗》，古代希腊没有一个统一的国家，城邦是主要的形式。在地中海东部的克里特岛上曾出现过一段灿烂的青铜文明，它的发现者——英国著名的考古学家阿瑟·埃文斯爵士（Sir Arthur John Evans）将之称为"米诺安文明"（Minoan civilization），它大约兴盛于公元前 3000 年到公元前 1100 年间。从公元前 2000 年起，米诺安国王的几座宫殿变成了克里特岛的要塞之地，此后公元前 1450 年，北方的迈锡尼人入侵，他们几乎毁掉了所有的宫殿，如今我们只能看到它们的遗迹。但是公元前 1100 年，克里特岛的统治者迈锡尼政权，又因不明原因而瓦解。

大约从公元前 2400 年起，克里特岛上就有人开始尝试制作黄金。岛上的墓地中出土的头带、发饰、珠子和手镯，还有相当精致的辫索式链子，其样式多源于古代巴比伦。大约在公元前 2000 年，更为复杂的金银累丝和累珠技术传入。这一时期米诺安首饰的代表，就是所谓的"埃伊纳宝藏"（Aegina treasure）。

一件来自米诺安的黄金胸饰，两端都有一个侧面人像，其眼睛和眉毛最初是镶嵌上去的。下面带有 10 个圆形小坠饰，整体宽 10.8cm（图 10-1）。

图 10-1　米诺安黄金胸饰

图 10-2　米诺安黄金浮雕坠饰

另一件米诺安的黄金浮雕坠饰，表现的是一位自然之神站在莲花池里，两手各握着一只水鸟，他身后的两个曲线形物品可能是弓，高 6cm（图 10-2）。

三、希腊复兴时期

大约公元前 1100 年，富庶的希腊地区随着迈锡尼王国的覆灭而衰败，随之而来的是长达两个世纪的极端贫穷，艺术创作处于低潮。

直到大约公元前 900 年，希腊才开始与东面的西亚各地（尤其是腓尼基文明）恢复联系，在这个希腊复兴时期，首饰数量庞大而且做工出色。

从公元前 900 年到公元前 700 年间，我们可以在一些重要地区比如克里特岛、科林斯湾和雅典，找到一些极其优秀的黄金工艺品。在埃维厄岛中心发现的首饰，虽然并没有那么高的品质，但是数量繁多。

这些手工艺人很有可能是从腓尼基来的移民，在这里其技艺得以在公元前 1100—前 900 年之间的黑暗岁月中，被腓尼基人所继承下来。当这些工艺品再次成为奢华生活的一份子时，被希腊世界生产创造。一款来自腓尼基的耳环采用出色的累珠技术进行装饰,从圆盘后面伸出弯曲的"叶茎",上面原先都带有镶嵌物。扣针上面刻有图案,一面是一只鹿,另一面是一个"卍"符号。长6cm。见图10-3。

图10-3　公元前8世纪的希腊人制作的黄金耳环和黄金扣针

四、古典时期

公元前475—前330年间属于希腊首饰的古典时期,古典时期的首饰做工好,品质也甚高。古典时期是希腊首饰高速发展的时期,希腊人已经可以使用复杂的金属工艺来制作首饰。他们使用华丽的金银累丝、金银累珠工艺制作图案,使得这一时期的首饰独具特色,甚至还影响到了周边其他地区的首饰风格,是后来精美绝伦希腊首饰的雏形(图10-4、图10-5)。

图10-4　金银累丝工艺耳环

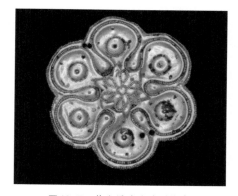

图10-5　黄金累珠玫瑰形饰片

到了公元前4世纪,出现了一种独具特色的坠饰,后来成为希腊化时期风格的典型代表。与之相同的项链也开始出现，上面带有橡果、鸟首和人首等流行的坠饰（图10-6）。

图10-6 古代希腊流苏吊坠

五、希腊化时期

公元前325年—公元前27年这段时间是希腊化时期。这一时期波斯帝国经历了亚历山大的大军的侵袭，这片土地已经被大量的希腊移民希腊化了。此时期的制作材料更多，从青铜时期开始，黄金就在希腊日渐增多，主要是源于后来被亚历山大大帝大军缴获的波斯宝藏。到了公元前2世纪，新的首饰样式开始出现，包括新装饰主题、新首饰样式和新的品种。

公元前3世纪典型的流苏金项链，流苏曾经指有很多小吊坠密集悬挂于链身上的项链款式，而吊坠会从中心到两边逐渐变小以贴合颈部的线条。这种在链身悬挂吊坠的观念，其实来源于最古老的项链设计理念（图10-7）。

图10-7 希腊化时期的经典流苏吊坠

除了经典的流苏吊坠之外，还有宝石镶嵌项链。希腊化时期的宝石镶嵌项链继承了希腊首饰讲究组合排列的特点，运用大小不同的宝石进行排列组合的对称设计。这种款式一直深深影响着后来项链的款式，时至今日我们还能看到类似的款式（图10-8）。

图10-8　古希腊镶嵌宝石黄金项链

希腊化时期由于受到新占领的西亚和埃及地区的影响，首饰显得格外妖娆。设计主题上也有所革新，其中之一就是赫拉克勒斯之结。

古希腊"赫拉克勒斯之结"，几个世纪以来，它通常也被称作"爱之结"，象征着最牢固的情感，一种最为坚固而不可撼动的关系，一生相守，不离不弃。赫拉克勒斯是宙斯的儿子，拥有超人的力量和勇气，是希腊神话中最伟大的英雄之一。

希腊化时期之初，首饰在装饰主题上出现了赫拉克勒斯之结，这种结直到罗马时期都十分受欢迎。赫拉克勒斯之结早在公元前8—公元前7世纪就从西亚传到了希腊，在西亚新月形首饰被视作月神的圣物，具有悠久的历史。而在希腊它常作为项链的坠饰出现，其制作的目的无疑是装饰，但是同时也具有护身符的功效（图10-9、图10-10）。

图10-9　装饰有赫拉克勒斯之结的臂镯

图10-10 装饰有赫拉克勒斯之结的头带

受到波斯的阿契美尼德王朝影响，希腊流行起了一种带有兽首或者人像图案的耳环，直到罗马时期都十分流行（图10-11）。

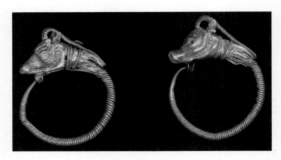

图10-11 黄金兽首耳环

得益于希腊化时期的强大和扩张，这一时期的制作材料更趋多样化，令希腊人难以忍受的缺少黄金的时代成为过去，用累珠工艺所制作的首饰图案花纹更加复杂，加上古代希腊碧水蓝天宜人的气候，以及自由民主的制度环境，都促使当时追求至美的工匠高速地发展，从而创造了希腊首饰历史上浓墨重彩的一笔（图10-12、图10-13）。

图10-12 累珠工艺的黄金饰扣

图10-13 黄金圆盘女人头累珠工艺耳坠

　　除了纯金属首饰之外，来自印度的红宝石和石榴石，来自埃及的绿宝石和紫水晶，以及来自红海的小珍珠，都是希腊首饰工匠们所青睐的材料，宝石镶嵌的首饰和宝石穿链的项链，被希腊人所喜爱，从而创造出多种款式的新品种首饰（图10-14、图10-15）。

图10-14　镶嵌石榴石的黄金项链

图10-15　镶嵌宝石的黄金耳坠

❧❧ 第二节　古代罗马文明 ❧❧

一、概述

古罗马文明是西方文明的另一个重要源头，公元前753年，拉丁人在亚平宁半岛中部建立罗马城；公元前509年—公元前1世纪，进入共和时代；公元前1世纪—公元4世纪，进入帝国时代。伊特鲁里亚文化是古代罗马文化的先导和主要成分；同时古代希腊文化也对古代罗马文化有着重要的影响，希腊的版图是罗马的主要组成部分，而希腊化时代的文化和罗马的关系更是超过了这种领土的意义。希腊的艺术家也有不少到了罗马，这一切都使罗马的艺术浸染了浓重的希腊色彩。

这一时期的装饰主题以神话、文学和风俗人物为主，具有强烈的人文主义色彩；工艺美术创作不受宗教的限制，工艺品表现的是日常生活或乐观的生活态度；作品刻意追求装饰性的表现，风格豪华、细腻、精致，宫廷色彩与享乐主义表现强烈；强调工艺品的立体表现，立体装饰发挥得淋漓尽致；作品不失典雅和谐，古希腊的古典美，得到了继承和巩固。

二、伊特鲁里亚文明

伊特鲁里亚文明与古希腊文明几乎是同时起源的，它是古罗马文明的前身。伊特鲁里亚人在公元前10世纪左右，从小亚细亚进入亚平宁半岛西部；在公元前7世纪至公元前5世纪期间，建立了伊特鲁里亚文明；公元前3世纪，伊特鲁里亚文明进入尾声，新兴的罗马征服了伊特鲁里亚。

伊特鲁里亚文化既受到古巴比伦的影响，也受到了古希腊的影响。伊特鲁里亚人是居住在意大利半岛中部的当地人，善于开发和利用当地资源而变得非常富有。他们用本地的矿物和农产品与希腊人、腓尼基人交换奢侈品。

公元前7—前6世纪是伊特鲁里亚的强盛时期，而自公元前5世纪开始，逐渐衰落，到公元前3世纪中期，最终被逐渐强大起来的罗马政权吞并。伊特鲁里亚首饰以量大、技术高超和种类繁多著称。伊特鲁里亚人的首饰制作技术也是师法于腓尼基人（图10-16、图10-17）。

伊特鲁里亚人将累珠技术发展成为一种完美的装饰工艺——珠粒不再仅仅用于组成简单的图案，而是将整个首饰表面的复杂工艺，都用累珠来表现。伊特鲁里亚创造了辉煌的黄金工艺，最突出的技术是金粒细工工艺，其工艺品是西方黄金工艺中的杰出代表。到了公元前 7 世纪晚期，有一些小亚细亚的腓尼基金匠为了逃避战乱或迫害移民到了希腊东部，他们带来的首饰制作工艺和风格从希腊渐渐影响了意大利（图 10-18、图 10-19）。

图 10-16　饰有由同心

环、小珠和花环绕的玫瑰花结耳钉

图 10-17　伊特鲁里亚时期的项链

图 10-18　金银细粒工艺首饰

图 10-19　金银细粒工艺黄金耳环

　　此外还有一种最具特色的技术，那就是"镂花细工"，工匠用钻头在黄金薄片上刺穿后，再在表面雕刻，或是用小凿子切割出图案。这件饰品由四条链子组成，每条链子又由带有两种不同雕刻图案的圆片交替连接而成，身前身后各有一枚较大的圆盘（图10-20）。

三、罗马帝国时期

公元前3世纪早期，罗马人统一了意大利半岛，成为地中海强国。此后，罗马开始了长期的对外扩张历程。公元前27年，大多数的希腊土地被罗马吞并。在艺术方面，罗马从希腊那里借鉴了许多。罗马帝国早期的珠宝风格也是希腊的延续。然而罗马的首饰同时也受到其他地区的影响，尤其是伊特鲁里亚和西亚。

这个时期初期阶段的首饰基本上都是黄金制成的，继承了西亚和伊特鲁里亚风格的黄金首饰，依旧是以金银累珠、金银累丝以及镂花工艺为主。尤其是镂花工艺的饰品，受到罗马人的喜欢，这种工艺在后来的拜占庭首饰中得到了继续发展（图10-21、图10-22）。

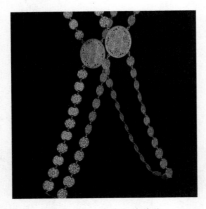

图10-20　镂花工艺首饰

图10-21　镂花工艺黄金项链

图10-22　十二黄金凯撒头古罗马金币链

不过随着宝石镶嵌技术的进步，彩色宝石也受到了越来越多人的喜欢，并大量地用于装饰。甚至首次使用了最坚硬的宝石——未经切割的钻石，还有蓝宝石。宝石材料的多元化，给首饰的制作提供了更多的可能性，雕刻宝石的首饰也开始出现，并且在其他领域也可以看到雕刻宝石的应用（图 10-23、图 10-24）。

图 10-23　雕刻宝石黄金首饰

图 10-24　黄金镶宝石项链

古罗马的玉石工艺兴盛于共和末期，帝政时期最为兴盛。玉石工艺选材丰富，主要用于制作饰品，也作为金银器、家具、武器上的附属饰物。最常见的有玛瑙、玉髓和象牙等，这些宝石被雕琢成各种造型装饰在金属上，每一件都显得独一无二（图 10-25 ～图 10-27）。

图 10-25　镶嵌玉髓的黄金手镯

图 10-26　雕刻双摩羯
和人头像的玛瑙饰物

图10-27　法兰西大玛瑙浮雕

　　古代罗马的银器，在古代欧洲工艺美术史中占有重要地位。早期古罗马的银器上出现的浮雕装饰，常常是古希腊的神话故事。公元 2 世纪以后进入罗马风格时代，银器制作注重装饰性表现，除几何纹样外，人物纹的表现与空间处理，都呈现出平面化的趋势，制作上流行乌金镶嵌技艺，用不同色彩来强化装饰性表现。

　　古代罗马人偏爱银器的原因是银器的量大，而且价值较为低廉，因而成为欧洲工艺美术史中独特的体系，黄金更适宜制作体积较小的佩饰品，不宜制作带有神话故事情节的浮雕工艺制品。因为黄金自身的肌理就很美，无需进行更多的艺术加工。银的软度仅次于黄金，加工起来具有良好的延展性，便于细工处理，敲打、锻锤、雕刻等技术都能很好施展，银的重量也较黄金轻，而且显得纯净而辉煌，可以做出明暗关系很强的浮雕装饰纹样，整个调子比黄金制品更为鲜（图 10-28）。

图10-28　一对雕有浮雕装饰的银杯

第十一章

欧洲中世纪和文艺复兴时期

第一节　欧洲中世纪时期

　　欧洲的中世纪是指西罗马帝国灭亡到文艺复兴的这一历史时期（约公元 5 世纪—公元 14 世纪），在罗马帝国分裂之后，西罗马帝国并不像东罗马帝国那样延续了千年，而是很快就灭亡了。这一时期本身既蕴含一个广阔的地理区域，又包括一个巨大的时间跨度。罗马灭亡后，欧洲陷入了缓慢发展阶段，甚至陷入了倒退，连罗马的水平都没达到，所以欧洲中世纪也常常被称为"黑暗时期"。

　　罗马帝国的崩溃对欧洲文明确实是一个巨大的打击，中世纪时期的欧洲没有一个强有力的政权来统治。封建割据带来频繁的战争，造成科技和生产力发展停滞。教皇严苛的统治，贵族对平民极尽压迫，以及战争、饥荒、瘟疫的爆（暴）发，人民生活在毫无希望的痛苦中。画作中的人物表情愁眉惨淡，四肢细长不圆润，无论是耶稣、圣母，还是天使们，都没有在天堂生活和美的样子，却是像在人间受苦了几百万年（图 11-1）。

　　宗教垄断文化，控制着人们的精神，让政治服从神学，因此此时的工艺与艺术都是以服务宗教为目的。中世纪时期的所有文化艺术都是围绕宗教的，包括珠宝首饰都带有明显的宗教色彩，优秀的珠宝首饰工艺在宗教首饰和器物中大放异彩，包括祭坛装饰、圣书函、圣遗物箱、十字架等。在高压的限制之下，文化和艺术都难以达到罗马帝国曾经的辉煌（图 11-2）。

图 11-1　中世纪时期绘画作品

一、珠宝首饰工艺品

这一时期金属工艺的主要特点是金属、珐琅和宝石镶嵌工艺的结合运用，产地以法国西南部和拜占庭最为突出，色彩主要以赤、青、黄、绿等为主，装饰包括缠枝纹、小花纹、星形纹、人物、动物等。广泛应用于建筑装饰、室内装饰、家具装饰、金属器物等。根据演变风格可以分为拜占庭式、罗马式和哥特式几种艺术风格（图 11-3）。

图11-2 银质镀金人像圣遗物箱

图11-3 神圣罗马帝国之冠

工艺有錾花（包括在金属片上錾出各种纹样，类似阴刻效果；或在器物胎体上包金、银；或在铜镀金上施錾花技法）、金银丝细工、金银错、宝石镶嵌以及珐琅工艺等。安放基督教圣者遗物或骸骨的容器，是中世纪工艺美术中最典型者，有的在金银薄板上收挑人物、动物，形体准确、凹凸分明；或者在浮雕式形象上施以半透明状的珐琅。

环形胸针是中世纪珠宝首饰中最常见的一种，是用来固定礼服颈部的，它们通常用金、银、铜等材质制作，并镶嵌上各种颜色的宝石，也有在金属上刻字进行装饰的。胸针中还有一种心形样式的，常作为恋人之间互赠的礼品而受到青睐（图11-4、图11-5）。

图11-4 嵌宝石黄金胸针

图11-5 黄金爱心胸针

1. 珐琅工艺首饰

中世纪时期是珐琅工艺迅速发展的时期，在11—12世纪经济越来越强盛的社会背景下，出现了专业教授珐琅的学校。四个著名的珐琅学校——和诺（Rhenane）、莫桑（Mosane）、利穆赞（Limousine）以及锡洛斯（Silos），将内填珐琅推广并发展到了顶峰，它们也将掐丝珐琅和后来画珐琅的技术传播开来。

比利时地区的莫桑珐琅学校培养出了可谓中世纪最有名的金匠和珐琅大师萨科·凡尔登（Nicholas of Verdun），他出名的作品包括科隆大教堂三王圣物箱（图11-6）和克洛斯特新堡的祭坛。

图11-6　三王圣物箱

2. 宝石镶嵌首饰

中世纪的珠宝具有很强的阶级性，皇室及贵族这样的高精阶层会极尽奢华地使用黄金、白银以及各种珍贵宝石来装点自己的行装，而较低社会阶层的人们则会佩戴一些比较寻常的金属，像是铜所制的首饰。中世纪的人们喜爱多彩的珠宝风格，他们会在金属上嵌上颜色丰富的各种彩色宝石，或是利用彩色珐琅将配饰装点得丰满华丽（图11-7）。

图11-7　女性用搭扣

3. 象牙工艺品

象牙也是这一时期常见的装饰材料，常用于装饰圣遗物箱、圣瓶盒、圣书函、宝石箱、乐器、刀柄等，装饰主题涵盖了宗教内容到世俗生活（图11-8）。

图11-8　象牙主教权杖饰头

4. 珠宝书衣

受到中世纪美术的影响，当时的书籍装帧达到了神奇的境界，封皮甚至会跟首饰一样用上黄金和珠宝。珠宝书衣（即珠宝装帧），是指用贵金属（金银等）、珠宝、象牙等装饰书籍封面的装帧。珠宝装帧的金属封面部分通常由金属钉固着在木质书壳上。除了封面外，珠宝装帧书籍的书芯与其他中世纪书籍一样，都是将书页（通常是羊皮纸）缝缀一起，然后装订在木质书壳上。然而这种极为奢侈的装帧方式是相当罕见的，《林道福音书》的书衣就是其中的典范（图11-9）。

图11-9　《林道福音书》书衣

二、拜占庭帝国

公元 395 年，罗马帝国分裂为东罗马帝国和西罗马帝国。东罗马帝国又名拜占庭帝国（395 年—1453 年），这个称呼来源于其首都君士坦丁堡（伊斯坦布尔）的前身——古希腊的殖民地拜占庭城。罗马时期的珠宝和 4 世纪、5 世纪珠宝之间的衔接没有中断，大部分技术和图案都是相同的。到公元 5 世纪晚期或 6 世纪早期，也就是拜占庭早期，拜占庭帝国是一个信奉东正教的帝制国家，首饰开始带有明显的基督教风格。

随着君士坦丁大帝将基督教作为罗马帝国的国教，最终导致了一种新的珠宝形式出现，而人像制作技术也随之发展。公元 843 年后，拜占庭首饰最显著的发展就是引进了金胎掐丝珐琅技术。这项技术很快就成为拜占庭工匠们的绝技，尤其在表现人像方面（图 11-10、图 11-11）。

图 11-10　黄金掐丝珐琅吊坠　　　　　　图 11-11　画有珐琅人像的黄金吊坠

此外，在装饰材料方面，宝石超越黄金占据了主导地位。同时，饰物上还开始广泛使用黑金，它是一种黑色的硫化物，通常是螺状硫银矿，用来和明亮的贵金属形成具有美感的装饰性对比（图 11-12、图 11-13）。

镂花工艺在拜占庭时期又得到了进一步发展，常见的有两种技艺：一种是用圆锥在金片上做镂空，然后仅在表面镂雕或雕刻；还有一种就是利用小凿子进行切割。拜占庭帝国早期，典型的做法就是更加频繁地使用镂花工艺，而且有时与压花结合使用（图 11-14、图 11-15）

图 11-12　镶宝石黄金手镯

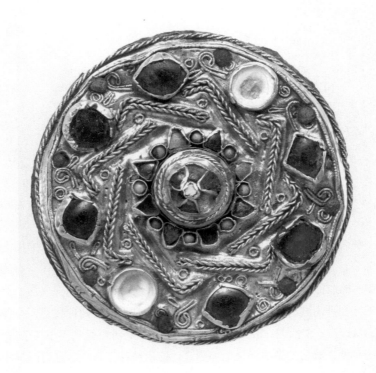

图 11-13　镶宝石黄金胸针

图 11-14 拜占庭风格镂花工艺手镯

图 11-15 镂花工艺耳饰

三、哥特式艺术

哥特式风格始于 12 世纪的法国,盛行于 13 世纪至 14 世纪末期,其风格逐渐大众化和自然化,成为国际哥特风格,直至 15 世纪,因为欧洲文艺复兴时代来临而迅速没落。其中最具代表性的就是哥特式建筑,笔直的立柱,高挑的天顶,墙面上又有同样呈矢状的高高竖立而又重复不断的彩色玻璃窗,多尖的拱门,这些均可见于许多教堂中。法国的巴黎圣母院、德国的科隆大教堂等都是哥特式建筑的代表。

该风格在18世纪重新被肯定，开始出现"哥特式复兴"（Gothic Revival）运动，推崇中世纪的阴暗情调。在19世纪之后逐渐成为一种文化艺术形式，出现在文学、音乐、美术、装饰等不同领域。

1. 哥特式建筑

哥特式建筑基本特点是由尖拱和肋架拱顶构成，整体高耸消瘦，给人以一种神秘、崇高的感觉。哥特式建筑逐渐取消了台廊、楼廊，增加侧廊窗户的面积，直至整个教堂采用大面积排窗。这些窗户既高又大，几乎承担了墙体的功能。

应用了从阿拉伯国家学得的彩色玻璃工艺，拼组成一幅幅五颜六色的宗教故事，起到了向不识字的民众宣传教义的作用，也具有很高的艺术成就。花窗玻璃以红、蓝二色为主，蓝色象征天国，红色象征基督的鲜血。

窗棂的构造工艺十分精巧繁复。细长的窗户被称为"柳叶窗"，圆形的则被称为"玫瑰窗"。花窗玻璃造就了教堂内部神秘灿烂的景象，从而改变了罗马式建筑因采光不足而沉闷压抑的感觉，并表达了人们向往天国的内心理想（图11-16）。

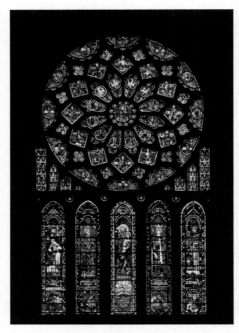

图11-16 法国夏特尔教堂彩绘玻璃窗

2. 哥特式珠宝

此时期哥特式的建筑风吹向珠宝艺术，尖的造型取代圆润的形式，线条的细致度也大幅提升，最有代表性的就是透底珐琅的成熟和大规模运用，镂空的贵金属框架内，通过填充半透明的珐琅材质，经过复杂的烧制呈现出如同哥特式教堂彩色玻璃镂空大窗的独特质感（图 11-17）。

图 11-17　镶石榴石黄金胸针

当时流行的一种首饰形式就是石榴石的镶嵌，其中一些饰物可能是这一时期从阿富汗或者印度传入的，因为这种工艺在上述地区已经使用了很长时间。哥特人把石榴石这种原本深色的石头剖成薄片，用金箔做垫背之后，变成了血红色。有时候也用作戒面，用来突出表现动物或猛禽的眼睛。让人最为惊叹的做法是用石榴石镶嵌方法覆盖整件珠宝的表面，并镶嵌在地毯状排列的珐琅装饰中（图 11-18）。

图 11-18　镶石榴石黄金圆盘胸针

　　这个时期切面宝石用得很少，因为切面宝石太过璀璨，和哥特式风格的纤细精巧，格格不入。当时的珠宝，主要是供神职人员使用的宗教珠宝，其他题材的珠宝比较少见。而珍珠以及弧面型宝石，却得到了很好的运用。珍珠镶嵌于首饰的尖端以柔化尖锐的线条，别针、腰带、戒指与头饰是这个时期最典型的珠宝配件（图11-19）。

图 11-19　拜占庭风格黄金十字架珠宝

　　中世纪时期的首饰具有明显的宗教性质，而这种特质下首饰所展现出的神圣、肃穆、庄严，且具有压抑性的审美，成了这一时代的缩影和代表，具有特殊的审美意义。哥特式风格的建筑，虽然随着时代的发展渐渐淡出人们的视线，但是哥特式艺术风格以不同的形式一直延续了下来。哥特式风格在后来的首饰领域逐渐成了一种别具一格的艺术风格，被大众所喜爱，如图11-20所示，1880年的哥特式风格十字架吊坠胸针。

图11-20　哥特式风格十字架吊坠胸针

第二节　文艺复兴时期

一、概述

文艺复兴是一场发生在14世纪中期至16世纪末的文化运动，在中世纪晚期发源于佛罗伦萨，后扩展至欧洲各国。这是一场欧洲新兴资产阶级在文学、艺术、哲学和科学等领域内开展的一场反封建、反教会的革命运动，是从中世纪的文化向近代文化过渡的时期。文化的创新和思想的解放为资产阶级革命开辟了道路，促进了近代自然科学的诞生和欧洲意识形态领域的变革。

到了 16 世纪后半期，意大利已进入文艺复兴，此时的工艺及工艺品不但从宗教性质转变成为宫廷性质，而且更贴近人们的生活，与人们生活需求密切相连，工艺及工艺品空前繁荣，艺术家的创作热情与聪明才智得到充分发挥。

当时的欧洲人已经认识到服装和首饰应当烘托出人体的自然之美，于是一改 16 世纪上半期法国勃艮第宫廷盛行的厚重奢华风格，转变为一种更加突显人体自然曲线的优雅风格。当时的装饰艺术，也开始进入人体、服装和饰品三者和谐的时代。

虽然官方曾禁止"露出脖子和肩膀"，但是在 15 世纪的后几十年，衣领线仍然在逐步降低，最终完全低胸的衣服处处可见，一度无所不在的中世纪胸针则完全没有了用武之地。原先藏在头巾、帽子和头饰下的头发，现在重见天日，女人们把头发梳起来并缠绕珍珠串，露出美丽的脖颈，佩戴上各种美妙绝伦的项饰（图 11-21）。

图 11-21　文艺复兴时期佩戴珠宝的女人画像

二、工艺背景

文艺复兴时期的金匠处于一种边缘地位，金匠的工作是通往另一种不同身份的进阶途径，许多著名的艺术家都是在金匠作坊中，开始了他们的艺术生涯，对熟练艺术技巧的由衷热爱是文艺复兴时期的艺术家的最大特征。在北欧，直接为某统治者和宫廷工作的金匠与一般的金匠相比，享有很多重要的权利，可免除行会规章的约束。

金属工艺的常用图案有：人物、动物、植物、神话故事等。常用的工艺有：錾花、金雕、浇注、镂刻、珐琅工艺和宝石镶嵌等。金属工艺品工艺精细，造型丰富有变化，线条优美，肌理丰富，明朗优雅，充满生机。

文艺复兴时期日常手工艺开始发达，精雕细琢和繁复华丽不再是宗教和神祇的专利，此时金雕、珠宝制作、蕾丝和缎带的出现，都为后来的珠宝行业带来无尽的灵感。不少优秀的艺术大师都曾涉足金工行业，包括建筑家勃鲁涅列斯柯（Filippo Brunelleschi）、雕刻家基伯尔提（Lorenzo Ghiberti）、雕刻家委罗基奥（Andrea del Verrocchio）、雕刻家安东尼·波拉依奥罗（Antonio del Pollaiuolo）、画家丢勒（Albrecht Dürer）等，推动了金属工艺的发展（图11-22）。

图11-22　温泽尔·亚姆尼泽（Wenzel Jamnitzer）的金属贝壳式水壶

三、珠宝首饰

文艺复兴时期的珠宝首饰，由宗教性质的工艺美术变成了宫廷性质的工艺品，工艺品生产与日常生活需求联系更为紧密，中世纪传统的工艺美术种类（宗教工艺美术）已呈衰落倾向。

1. 袖珍祈祷书

当时还流行一种便于携带的袖珍祈祷书，贵族妇女喜欢把香囊和祈祷书挂在几乎垂地的长腰链上。图 11-23 是亨利八世时代的袖珍祈祷书，封面场景是基督教故事"朝拜铜蛇"，封底则是"所罗门审判"，里面的印刷和祷告书内文是伊丽莎白一世时期的替代品，包含一组 1574 年印刷的独特祈祷语。

图 11-23　袖珍祈祷书

2. 珐琅首饰

从文艺复兴的油画中不难发现当时人们对于珠宝首饰的喜爱，大量的绘画中，都显现着珠宝的精致与地位，珐琅彩绘就像油画的延伸，出现在珠宝首饰上作为不可或缺的点睛之笔。到了 17 世纪初，用珐琅绘制的肖像画或雕刻而成的肖像画在当时非常流行（图 11-24、图 11-25）。

3. 宝石镶嵌首饰

从美洲新大陆掠夺了大量财宝的西班牙宫廷，引领欧洲宫廷进入了一个空前华丽的新时代。甚至那个时代的男人，都被包裹在珍珠和首饰之内。文艺复兴和探险，对珠宝在欧洲的发展产生了显著影响。到了 17 世纪，越来越多的探险和贸易，导致各种宝石的供应量增加，还有欧洲人开始接触其他国家的文化艺术。而黄金和贵金属在此之前一直是首饰工艺的最前沿，在这期间越来越多的宝石镶嵌占据了首饰的主导地位。

图 11-24　珐琅吊坠

图 11-25　珐琅肖像画首饰

　　大量彩色宝石，包括蓝宝石、红宝石、祖母绿，以及钻石从印度直接进口到欧洲。在文艺复兴前流行的钻石切割为桌面切割（table cut），从 17 世纪初，玫瑰切割法开始流行。同时贝母雕刻饰品是最能代表文艺复兴时期的雕塑艺术品，是非常常见和流行的首饰元素。宝石吊坠、珍珠项链成为珠宝的主流（图 11-26、图 11-27）。

图 11-26　镶嵌宝石的吊坠

图 11-27　镶嵌宝石的戒指

4. 微型雕塑首饰

中世纪晚期帽子的徽章，从带有宗教护身符含义的象征物，变成了全新的首饰，通常带有表现古典神话的微型雕塑（图11-28）。

在17世纪，出现了很多艺术水平高超的微雕工匠，比如英国的希利亚德和法国的弗朗索瓦·克卢埃。在金匠让·图汀（Jean Toutin，1578—1644年）和他的儿子亨利的带领下，法国的黄金工艺发展出一项精妙的新技术，就是在黄金上以珐琅描绘微型人像，工匠通常还会在绘有人像的金饰背面，装饰用彩色玻璃描绘的微型场景和花卉。在17世纪中期的英格兰和尼德兰，这种样式经常在首饰背面复制成黑白图案（图11-29）。

图11-28　人物主题微型雕塑吊坠

图11-29　鼓形微型雕塑吊坠

5. 珍珠首饰

伊丽莎白一世（图11-30）所处的时期，正是珍珠使用的鼎盛时期，在文艺复兴珠宝设计中，无处不用珍珠，在女王的发间、颈上及衣裙之中，都闪耀着夺目的光芒。1530 年后，英国王室甚至立法规定：除王室外，一般贵族不得穿着镶有珍珠的衣饰。

图 11-30　佩戴珍珠项链的伊丽莎白一世

在伊丽莎白一世之前还有一位珍珠爱好者，她就是玛丽一世（图 11-31），名叫拉·佩日格里纳（La Peregrina）的天然珍珠作为世界上最大的珍珠就曾经属于她，她也是珍珠的疯狂爱好者。

17 世纪后，宝石的盛行让人造宝石也开始变得繁荣起来，玻璃石和玻璃等人造宝石都变得非常普遍。但是在威尼斯，依旧有法律明文规定，制造假珍珠者将被砍去右手，并被流放十年。除了形状规整的珍

图 11-31　佩戴拉·佩日格里纳珍珠的玛丽一世

珠之外，异形珍珠也备受人们喜爱，珠宝工匠们将他们的奇思妙想，结合不规则珍珠一起设计出来，一件件颇有故事的珍珠首饰显得无比精致（图 11-32）。

图 11-32　异形珍珠吊坠

第十二章

巴洛克与洛可可时期

第一节　巴洛克与洛可可

17、18 世纪是欧洲手工艺技术逐渐发展的时期，为现代手工艺人所使用的技术奠定了基础。受到社会观念和功利意识的驱使，艺术家和工匠开始分离，艺术家们开始积累能够证明他们社会地位上升的荣誉，以脱离工匠而荣登上流社会为目的。18 世纪艺术家雷诺兹创建并领导皇家艺术学院，被授予爵士，使他成为英国历史上第一个被授予贵族头衔的艺术家。手工艺人则是产品形成的工匠，而决定产品形式的人，则是作坊主及其之上的设计者，也就是美术家与拥有者，他们的兴趣在于追求一种特殊的风格。

虽然艺术与手工艺开始分离，但整个产品的制作过程依然是纯粹的手工劳动，而劳动分工的原则被牢牢地树立起来。17 世纪后受产品标准化的驱使，人们想克服所用材料特性带来的有机变化及不稳定性，克服工匠个体生产方式和习惯造成的产品间的差异，人们已经开始把注意力集中在各种机械系统上。

一、巴洛克时期

巴洛克（Baroque）是一种代表欧洲文化的典型的艺术风格，这个词最早来源于葡萄牙语 Barroco，意为"不圆的珍珠"，最初特指形状怪异的珍珠。巴洛克风格是文艺复兴之后的意大利艺术发展的一个阶段，17 世纪整个欧洲的艺术风格起源于意大利，然后逐渐推向法国，在法国到达鼎盛。

巴洛克时期的艺术成就主要在教堂与宫殿中，建筑师们追求把建筑、雕刻和绘画结合成一个完美的艺术整体。虽然脱胎于文艺复兴时期的艺术形式，但却有其独特的风格特点，它摒弃了古典主义造型艺术上的刚劲、挺拔、肃穆、古板的遗风，追求宏伟、生动、热情、奔放的艺术效果。巴洛克风格可以说是一种极端男性化的风格，是充满阳刚之气的，是汹涌狂烈和坚实的。

巴洛克风格以浪漫主义的精神，作为形式设计的出发点，其气势雄伟、生机勃勃、强烈奔放、庄严高贵、豪华壮观，打破了旧艺术风格的常规，以反古典主义的严肃、拘谨、偏重于理性的形式，赋予了更为亲切和柔性的效果。16—17世纪交替时期，巴洛克设计风格开始流行，其主要流行地区是意大利。从建筑开始影响到其他装饰艺术领域，动感、不规则、多变的曲面是当时艺术造型的特点，花样繁多，不重视实用性，体现着宗教与贵族之威严，色彩鲜艳，崇尚高度华丽，尤其是大面积雕刻的运用，同时还有金箔贴面（图12-1）。

图12-1　西班牙圣地亚哥大教堂

二、洛可可时期

洛可可（Rococo）一词由法语Rocaille（贝壳工艺）和葡萄牙语Barroco（巴洛克）合并而来，Rocaille是一种混合贝壳与石块的室内装饰物。

　　洛可可艺术是 18 世纪产生于法国，遍及欧洲的一种艺术形式或艺术风格，盛行于路易十五统治时期，因而又称作"路易十五式"。该艺术形式具有轻快、精致、细腻、繁复等特点，其形成过程中受到中国艺术的影响。有人认为洛可可风格，是巴洛克风格的晚期，即颓废和瓦解的阶段，洛可可艺术是社会经济条件和物质生活的进步，是巴洛克艺术刻意修饰而走向极端的必然结果，以至于洛可可时期也被称作"过分的奢华"。

　　洛可可风格延续了巴洛克风格在建筑上的成就，在法国宫廷形成了以岩石和蚌壳装饰为其特色的艺术风格，纤细、轻巧、华丽、繁缛的装饰性，多用 C 形、S 形和涡卷形的曲线，艳丽浮华的色彩装饰洋溢着东方情调，相比巴洛克风格，洛可可风格更加女性化，更加柔美温和，尤其是工艺品的设计构图强调不对称，追捧自然主义装饰题材。

　　《蓬巴杜夫人》是法国画家弗朗索瓦·布歇于 1756 年创作的一幅布面油画，布歇画像中所描绘的蓬巴杜夫人把洛可可风格发挥到了极致，体现出当时贵族们所追求的宫廷艺术（图 12-2）。

图 12-2 《蓬巴杜夫人》

三、巴洛克和洛可可时期的服饰特点

巴洛克时期的服装分成荷兰风格时期和法国风格时期。前者是早期，后者是晚期。到了 1650 年以后，法国风格开始兴起，也就是现在最常说的那种巴洛克风格。巴洛克服饰主要特点就是缎带的使用，大量的缎带，大量的花边。巴洛克和洛可可时期延续了文艺复兴时期的首饰与服装搭配成套的风气。首饰和服装都是成套出现的，尤其是洛可可时期，更是一套服装配套唯一首饰（图 12-3）。

图 12-3 着套装首饰的玛丽·安东瓦内特皇后（Marie Antoinette）

法国国王路易十四在位时（1638—1715 年），也就是差不多整个 17 世纪，流行的风格就叫"巴洛克"。路易十五在位时（1715—1774 年），也就是差不多整个 18 世纪，流行的风格叫"洛可可"。从视觉上，巴洛克与洛可可则是刚与柔，阳与阴的区别。虽然它们之间是这样对比的，但是巴洛克和洛可可风格，跟其他的欧洲风格相比，都更加浪漫和柔和。

第二节　巴洛克时期的珠宝首饰

　　巴洛克时期的金属制品柔软而温馨，少有纯金属的工艺品，金属搭配宝石、陶瓷、玻璃等装饰效果丰富奢华。巴洛克时期的珠宝首饰，开始变得抽象、对称，与巴洛克风格相一致。而不同于此前文艺复兴时期的珠宝样式（小型雕塑），此时的珠宝有着恢宏的气度和从内而外散发出的自信（图12-4）。

图12-4　黄金镶嵌钻石胸针

一、赛维涅蝴蝶结

　　巴洛克风格珠宝最有代表性的设计叫赛维涅蝴蝶结（Sévigné bowknot）。这是最早的蝴蝶结珠宝，诞生于17世纪中期。法国作家赛维涅夫人（Marquise de Sévigné）使这种珠宝风靡一时（图12-5）。

图 12-5　蝴蝶结造型的珠宝项链

二、珐琅花卉首饰

图 12-6 的项链展示了巴洛克珠宝的一种常见工艺——珐琅。17 世纪早期让·图汀发明了在黄金上烧制不同颜色珐琅的技术，这种色彩丰富的技艺特别适合表现花卉。而整个 17 世纪，有一种花绝对让整个欧洲都记忆深刻，这种花原产自荷兰，一到法国便"惊为天物"，这就是郁金香，它成了巴洛克珠宝里的明星，以郁金香为主题的首饰款式特别受人们喜爱（图 12-6、图 12-7）。

图 12-6　珐琅花卉项链

图 12-7　郁金香戒指

三、黄金镶嵌钻石

这个时期，流行用黄金镶钻石，而到了 18 世纪的洛可可风格珠宝中，黄金镶钻的情况就越来越少见了。珠宝大量采用桌形切割钻石，就是把八面体的钻石原石削掉一个尖，是一种非常原始的钻石琢型（图 12-8）。所以在照片里，很多巴洛克珠宝里的钻石是黑色的——这不是钻石本身的颜色，而是因为钻石刻面太少，光线无法反射到镜头里造成的（图 12-9）。

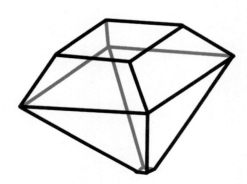

图 12-8　桌形切割钻石

图 12-9　黄金镶钻石首饰

四、珍珠链串

　　巴洛克时期依旧延续了文艺复兴时期对珍珠的喜爱，珍珠链串随处可见。通常华丽的服饰，都会搭配上简洁的珍珠项链，这个时期首饰与服装都是成套的，人们十分注意首饰与服装之间的和谐（图 12-10、图 12-11 ）。

图 12-10　珍珠串手链

图 12-11 戴珍珠项链的女子

五、巴洛克时期的装饰特点

巴洛克时期工艺美术，在西方工艺美术史中起到了承前启后、继往开来的作用，它是洛可可风格工艺美术的一个声势浩大的前奏。是向欧洲近代工艺美术过渡的重要标志，它表现出对优雅和谐的古典艺术形式的对立，追求标新立异的表现。它把人们的创作思想和工艺美术的形式与内容，发展到一个崭新的阶段。

巴洛克时期工艺美术注重外在形式的表现，强调形式上的多变和气氛的渲染，特别是到了晚期，有些作品铺张浮华、俗艳绮靡，忽略内容的深入刻画和细腻表现。其工艺美术成就，主要体现于作品充满着韵律、量感和空间，以及立体的丰富变化的效果，充满着强烈的动势和生命力。

⟡⟡⟡ 第三节　洛可可时期的珠宝首饰 ⟡⟡⟡

到了洛可可时期之后，珐琅没有之前那么流行了，此时珠宝背面多为錾刻或是干脆毫不装饰的平面，而不再使用珐琅，珐琅只在最保守的小圈子内流通，尤其是在当时保守的西班牙。洛可可风格的珠宝首饰，比巴洛克风格更趋女性化，采用不对称造型的设计，将自然的曲线发挥得淋漓尽致。

一、不对称设计

在洛可可风格的装饰中，不对称是极为重要的特征，其实这种设计思想的背后有中国元素的功劳。美丽的中国工艺品漂洋过海来到欧洲大陆，让欧洲的艺术家和设计师们眼前一亮，不对称设计的头饰给了他们新的灵感，让这个原则深深地烙在珠宝设计师心中，所以这时珠宝流行线条流畅的不对称设计，处处透着女性美（图 12-12）。

图 12-12　不对称设计的花卉胸针

二、金银混镶钻石

金银混镶工艺从 1760 年诞生以后，就成了镶嵌钻石的标准工艺。顾名思义，采用这种工艺的珠宝正面是白银，背面为黄金。这种工艺一直沿用到 1880 年，所以很多维多利亚时代的钻石珠宝大都采用白银镶嵌，现在看起来光泽暗哑，深沉内敛，但在当时一定也是光彩照人。

巴洛克时代，用黄金镶嵌钻石有个致命缺点，即白钻变黄钻，而白银镶钻则彻底解决了这个问题，但又带来了另一个问题——白银太软只能包镶。于是人们开始寻求一种新的材料与钻石搭配，所以铂金就成了最佳的选择，1900 年以后被大量使用（图 12-13）。

图 12-13　金银混镶的钻石胸针

三、玫瑰式切工（rose cut）钻石

洛可可风格的宝石大量采用玫瑰式切工钻石，特点是平底和三角形刻面。这种琢型一直延续到 1820 年前后，之后被老矿式琢型（old mine cut）取代，但一直都没有完全消失，甚至在 100 多年后的 1920 年，还迎来一次复兴。玫瑰式切工可以说是钻石琢型发展的一次飞跃，它让钻石看上去小面更加多了，从而达到一种赏心悦目的效果。玫瑰式切工从三面、六面一直发展到十二面、十八面，最终发展到二十四面（图 12-14、图 12-15）。

图 12-14　玫瑰式切工钻石戒指

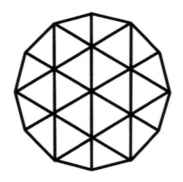

图 12-15　二十四面玫瑰式切工冠部示意图

四、缎带短项链

到 17 世纪，随着巴洛克风格的流行，大量丝绒制品取代了文艺复兴晚期的紧身衣和正式场合出现的首饰，用于制作服装的布料和丝绒成为制作首饰的材料。洛可可时期最具代表性的首饰——缎带短项链就应运而生了。尤其是蝴蝶结微造型的缎带短项链十分受人喜爱，短项链上也会加入其他宝石材料比如珍珠等（图 12-16）。

图 12-16　缎带短项链套装

五、浮雕首饰

    雕刻的浮雕首饰仍然流行，浮雕首饰上很多主题为人头，都是贵族家族的长辈或者名人，象征着他们尊贵的身份地位。油画中少女手腕上就佩戴了象牙浮雕头像腕饰（图 12-17）。

图 12-17　戴着浮雕腕饰的女子

六、洛可可时期的装饰特点

　　洛可可时期工艺美术的成就，不仅为欧洲工艺美术增添了辉煌的一页，而且也为世界工艺美术史谱写了灿烂的篇章。它在工艺技巧上的突破和制作技艺上的精湛，将工艺美术的水平提高到了一个崭新阶段。

　　洛可可时期工艺美术是纯粹的宫廷艺术，表现了宫廷艺术共有的特征，注重装饰性，带有明显的享乐主义色彩。体现出繁缛精致、奢丽纤秀、华贵妩媚的工艺特质，呈现出阴柔之韵和矫揉造作的气质，热衷于精雕细琢的表现手法。

　　这一时期促进了各种工艺技巧的发展和提高，同时也展示了工艺技巧的精湛和完美。尽管洛可可时期工艺美术，体现了女权高涨时的装饰风格，在审美上倾向于对某些古典艺术形式盲目地生搬硬套，并刻意追求繁复的装饰效果，但其精湛绝伦的工艺技巧是前所未有的，它为以后的工艺美术技法提供了宝贵的经验（图 12-18）。

图 12-18　洛可可时期的女性服装

　　洛可可风格的工艺美术，以艳丽的色彩、细腻的工艺、丰富多变的曲线和不均衡、不对称，甚至带有反秩序、反常规倾向的装饰构成，给人以强烈而充满动感的视觉冲击力和豪华奢丽的印象。与巴洛克工艺美术一起被认为是欧洲工艺美术发展史中继古希腊、罗马以后的又一个黄金时期。

　　由于宫廷性质的局限，洛可可时期工艺美术最终走向了追求纯粹装饰的极端，忽略了实用功能的要素，从而在艺术风格上表现出奢靡和单纯追求玩味的倾向。因此，它丧失了工艺美术应有的生命力，很快便随着历史的变迁而被新古典主义工艺美术所代替。

第十三章

18 世纪以后的珠宝首饰

1725 年人们在巴西发现了新的钻石矿，这无疑推动了 18 世纪珠宝业的发展。葡萄牙人在这里进行了大量的开采，很快巴西就取代了印度，成为世界上主要的钻石供应国，欧洲人的钻石拥有量也随之得到了惊人的增长。

当时的工匠们为了在首饰上凸显闪亮的钻石和其他宝石，将设计的重点都落在了石头的本身，而镶嵌用的宝石基座则被设计得尽可能小，这对饰品的构造和佩戴都产生了很大的影响。这时候的珠宝饰品常常由几个分离的部件组成，将它们拆分开来就能用于不同的搭配。此外，大的或者昂贵的宝石很容易从基座上取下来，以便于随时改变它们的镶嵌形式。因此，它们能够一次又一次地重复利用，被镶嵌在不同的珠宝首饰上。

第一节 乔治王时期（1714—1830 年）

乔治王时期一般指英国乔治一世至乔治四世在位的时间，这一时期的珠宝首饰永远都是拍卖会上的主角。这一时期以钻石饰品居多，受人喜爱，大多镶嵌在银托之上，设计主题是以花卉造型为主。

一、钻石的需求日益增大

曾经随处可见的珐琅首饰，开始渐渐消失在人们的视野之中，取而代之的是大量的钻石饰品，人们发现了钻石那独一无二的光泽。随着钻石需求量的攀升，切割和抛光技术也随之不断提高，钻石被大量成排成片地镶嵌于花卉造型的首饰之中（图13-1）。

图13-1　镶满钻石的发饰

二、"小花园"首饰

洛可可时期的不对称花卉设计款式也被延续了下来，搭配连衣裙的大束花胸针变得相当流行，这些首饰由于款式豪华，尺寸甚至会超过20cm，再加上钻石和红宝石、蓝宝石、祖母绿等彩色宝石的点缀，让这种风格的首饰成为十八世纪中期的花卉狂热体现（图13-2）。

图13-2　各种宝石点缀的"小花园"胸针

三、爱不释手的戒指

乔治王时期的戒指每天都被人们戴在手上，这也导致它们十分容易被磨损。经典的戒指款式主要是枕型切割（pillow cut）的钻石作为主石，镶嵌在戒指顶部，周围镶嵌小钻石。到了18世纪50年代，这些镶嵌宝石的石托抛光后会被雕刻上叫做"旭日之光"的放射式线条，由于镶嵌都是包镶，光不能透过宝石，所以在石碗的底部加一块有色的锡箔可以增强宝石的颜色，提高亮度。但是只要有一点水进入镶嵌结构之中就会让锡箔失去光泽变成灰黑色（图13-3）。

图13-3　有一圈钻石环绕的钻石戒指

四、铅玻璃的仿制宝石

贵族们很容易获得华丽的珠宝首饰，对于其他阶层来说，昂贵的珠宝首饰就成了奢侈之物。除了在钻石底座贴锡箔之外，水晶和无色的铅玻璃也被使用贴箔的方法来仿照蓝宝石出售。乔杰斯·弗里德里克·斯特拉斯发现加入铅的玻璃可以散发出一种柔和的钻石光泽，特别适合作为刻面宝石的替代品，因为其物美价廉很快受到了人们的喜爱，开始大量生产，甚至开始运用到"真"的珠宝首饰之中（图13-4）。

图13-4　铅玻璃鞋扣

第二节 维多利亚时期（1837—1901年）

维多利亚女王带领大英帝国迎来最璀璨辉煌的巅峰霸业，而维多利亚这个名字从此也成了一个伟大盛世的缩影与代名词。维多利亚时代，造就了日不落帝国传奇，造就了不同凡响的经济、科学、文学和艺术的高度发展，也成就了独一无二的"维多利亚风格"。维多利亚风格的独特之处就在于它在继承了如哥特风格、伊丽莎白风格等多种前世经典风格精髓的同时，更加入了很多优秀的时代元素，并进行全新诠释和完善。

一、自然主义的持续影响

维多利亚时期艺术家认为古朴之美才是真正的美，而这种美根源于造物主。特立独行的新女性开始以真正的花叶来装扮自己，鲜花绿叶造型的项链、头饰、胸针、帽饰无处不在。维多利亚早期，新古典主义的思想激发了人们无限的热情和灵感，从枝蔓蜿蜒的常春藤、丰盈的葡萄串枝，到中古时代华丽而寓意深刻的家族纹章，还有充满艺术风格的希腊罗马和哥特式建筑图案，以及灵活生动的人体和动物造型，这些都迅速成为当时最热门的图案。最具代表性的就是维多利亚皇冠，优美的曲线结合浪漫的花卉造型，将维多利亚时期珠宝的魅力一览无余（图13-5）。

图13-5　镶嵌钻石的花枝叶蔓皇冠

二、钻石的铺张运用

维多利亚女王对珠宝首饰也是十分喜爱的，因此她在位期间佩戴的皇冠就最能凸显维多利亚风格珠宝的特点。随着钻石切割和抛光技术的不断提高，人们开始欣赏钻石无与伦比的光彩，钻石的需求量不断增长，大量镶嵌钻石的珠宝首饰日趋增多，单色的钻石组成的珠宝首饰，并不会令人感觉乏味，排成排、排成圈的钻石也被用于镶嵌到各种花卉造型中，光芒耀眼的钻石珠宝一跃成为流行主力。

三、可拆卸的首饰

这一时期一种特殊的皇冠，可以被拆卸成多件其他首饰，比如胸针和吊坠。这顶由七朵花组成的头饰，又可以被拆分成项链来佩戴（图13-6）。

图 13-6　可拆卸的镶钻石皇冠

　　杰拉德（Garrard）1870年为英国皇室玛格丽特公主设计的这顶皇冠就是钻石运用的杰出代表。它的设计唯美温婉，枕型和老式切割的钻石交错排列，优雅地起承转合，凸显维多利亚时期珠宝的特点。最为神奇的是，这顶皇冠还可以被拆分为一条项链、一条短链和11枚胸针（图13-7）。

图13-7　杰拉德可拆卸皇冠

四、立体浮雕艺术

　　浮雕宝石融入珠宝设计，也是维多利亚时期珠宝首饰的常见款式，后来人们尝试以化石、象牙、骨瓷等不同材质体现立体人物侧影浮雕，珠宝首饰也越来越多样化，或作为项链的垂坠，或作为手镯、发饰等装饰。

　　下面这组浮雕首饰就有着明显的罗马风格，手镯上雕刻着美丽的海洋女神和海豚，耳坠上镶嵌着鸽子主题的雕刻宝石（图13-8、图13-9）。

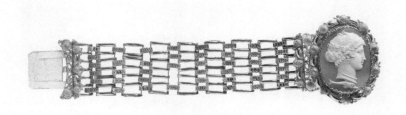

图13-8　镶嵌海洋女神头像立体浮雕的手链

图 13-9　镶嵌鸽子浮雕的耳坠

五、昂贵的"宝石蕾丝"

　　1878 年的巴黎珠宝展推出的满镶钻衬托宝石的镶嵌手法，使得珠宝精致玲珑，十分适合装饰时装，效果竟然堪比装饰用的蕾丝花边，开始是五颜六色的有色宝石盛行，而后黑白色系的贵金属材质被大量运用。此后女装上蕾丝花边的使用渐渐减少，但钻石与宝石织就的蕾丝，虽艳光四射却是昂贵无比（图 13-10）。

图 13-10　昂贵的宝石蕾丝

✦✦✦ 第三节　新艺术运动时期（约 1880—1910 年）✦✦✦

新艺术运动（Art Nouveau）与工艺美术运动是先后发生的，它们有着许多相同点，19 世纪 80 年代到 90 年代，工艺美术运动就十分抵触使用机械的工业化生产。而新艺术运动所创造的感性又浪漫的自然主义风格，给世界珠宝首饰历史无疑画下了浓墨重彩的一笔，与机械化生产的珠宝首饰形成了鲜明的对比。

新艺术运动最早在法国萌芽，1900 年的巴黎世界博览会是"新艺术"在法国崭露头角的开始，从那以后，法国的这场设计运动历时二十余年，是所有相关国家中持续最久的。新艺术运动的倡导者们认为，工业革命开始之后，机械化生产的工艺品忽略了创造性的设计，制作出来的产品千篇一律、生硬呆板、没有生气、没有个性。同时，工业革命带来的技术进步毁掉了艺术，特别是手工艺术。运动的宗旨是复兴手工艺术，为普罗大众提供独具个性的实用艺术品。新艺术运动由此爆发，这场运动几乎涉及了艺术设计行业的各个领域，涵盖了建筑、家具、产品、珠宝首饰、服装、海报、书籍装帧、插图甚至雕塑和绘画等形式中，无拘无束、平滑流畅的线条，充满了强烈的青春活力。

一、歌颂自然的造型设计

自然主义题材在新艺术运动时期成为所有作品的主要内驱力，珠宝工匠们从大自然吸取灵感，尽其所能展现大自然的魅力。借鉴温婉奢美的花朵形象，法国珠宝匠师开始为珠宝界带来了优雅的"花环风格"，圆形的框架和装饰在上面的花卉、叶片充满了美感，而繁复的花边珠宝也不断涌现，在展现宫廷式华丽细致的同时，也骄傲地展现出珠宝大师们巧夺天工的工艺。

花卉珠宝大胆地打破了传统色彩搭配的思想禁锢，在黑玛瑙、珊瑚等新奇彩色宝石素材打造之下，展现出前所未有的丰富色彩与现代感。除了花卉、孔雀、蝴蝶、树木以及人等元素，都是珠宝匠人们热衷的元素（图 13-11）。

图 13-11　花卉主题的珠宝首饰

二、优雅的曲线和大胆的色彩

在艺术领域，经过改良的新古典主义风起云涌，既保留了材质、色彩的大致风格，仍然可以很强烈地感受传统的历史痕迹与浑厚的文化底蕴，同时又摒弃了过于复杂的肌理和装饰，简化了线条。这些珠宝首饰主要采用金银和珐琅，或者使用动物角质加热塑模成型的方法进行制作，整件首饰看上去色彩斑斓，创造出不少优秀的、令人赞叹的原创珠宝（图13-12）。

图13-12　使用多种材料的花卉珠宝

三、充满视觉冲击的夸张造型

新艺术运动时期也是抽象艺术蓬勃发展的年代。此时，日本的浮世绘传入欧洲，平面空间和大胆的截取式构图，带给艺术家们极大的冲击。新艺术运动时期也出现了大量的浮世绘珠宝。它们用铂金勾勒出抽象的造型，再辅以色彩艳丽的珐琅，造型上也从以往的单纯首饰转向艺术陈列风格的摆件珠宝。彩色的珐琅花朵、镶嵌宝石的昆虫与蛇都给人压倒性的视觉印象（图13-13）。

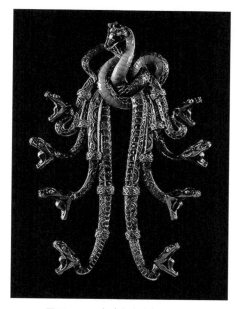

图13-13　造型夸张的摆件珠宝

19世纪末期，皇室贵族依然是珠宝的主要消费者，他们的品位代表了珠宝工艺的时尚潮流。但同时，一个新兴的富裕阶层也开始在社会中显现出力量，尽管缺乏贵族血统，但他们的财富却足以将其带入顶级的社交圈，他们的喜好也决定着珠宝首饰的风格发展。一款花与昆虫的波浪线胸针，就是新艺术运动时期十分具有代表性的款式，同时使用不同材料制作，让首饰整体展现多样的色彩，是新艺术运动时期首饰的浪漫之一（图13-14）。

四、花神——勒内·拉里克（René Lalique）

法国大师勒内·拉里克生于1860年，19世纪法国珠宝业的复兴在很大程度上归功于他。拉里克的珠宝，探索自然界中一切能用于装饰的元素，被蝴蝶与蜻蜓光

图 13-14　花与昆虫主题的曲线胸针

顾的花朵造型大量出现在他的作品中，成为 19 世纪初的经典艺术形象。而将女性形象融入花卉的奇思妙想更让观者叹为观止，使他的作品给人们留下了深刻的印象（图 13-15）。

图 13-15　勒内·拉里克设计的项饰及局部

拉里克拥有丰富的想象力，他的作品体现出他独有的对自然的观察力，他将这些自然元素融入项链、发梳，甚至是吊坠的搭扣之中，这些首饰的设计感和工艺技术都是无与伦比的。同时拉里克也是开创新材料和新工艺的先驱者，他使用有机材料以及模铸玻璃等人工材料与传统的珠宝首饰制作材料相结合，创造出一种全新的既怪诞又充满梦幻感的自然主义风格，是当之无愧的新艺术风格珠宝首饰的代表者和先驱者。

第四节　装饰艺术运动时期
（1920—1930 年）

第一次世界大战给人类历史带来了毁灭性的打击，这让曾经浪漫精致的珐琅花环自然主义渐渐淡出人们的视野，取而代之的是一种简洁、整洁的服饰观念开始蔓延起来。其中一个主要原因就是在战争期间，女性开始与男性并肩工作，在社会中开始独立。由于工作的需要，战前那种华丽而柔美的女性装扮，就变得不合时宜，服饰也从曾经复杂烦琐的裙装，转变成整洁干练的西装，从而人们对珠宝首饰的审美要求也开始发生转变。

装饰艺术运动（Art Deco）是 20 世纪 20 到 30 年代在法国、美国、英国等国家展开的一次风格非常特殊的设计运动。装饰艺术运动几乎与欧洲的现代主义运动同时发生，所以装饰艺术运动无论是在材料的使用上，还是在设计的形式上都受到了现代主义运动的影响。但它们又有着本质的区别，装饰艺术运动为社会上层，少数的资产阶级权贵服务，而现代主义运动则强调设计民主化、为大众服务，与装饰艺术运动相比更加理想主义。

自 19 世纪中期的工艺美术运动以来，大部分的设计探索都是从有机的自然形态中寻找灵感。装饰艺术运动与大工业生产联系比较紧密，于是具有强烈时代特征的简单几何外形，自然就成了这个年代设计师们热衷研究的中心（图 13-16）。

图 13-16　装饰艺术风格建筑纽约克莱斯勒大厦

一、充满机械美感的造型

　　与新艺术运动不同的是，装饰艺术运动不排斥机器时代的技术美感，机械式的、几何的、纯粹装饰的线条也被用来表现时代美感，比较典型的装饰图案，如扇形辐射状的太阳光、齿轮或流线型线条、对称简洁的几何构图等；色彩运用方面以明亮且对比强烈的颜色来彩绘，具有强烈的装饰意图，例如从亮丽的红色、电器类的蓝色、警报器的黄色，到探戈的橘色，带有金属味的金色、银白色以及古铜色等。

　　装饰艺术运动不单一，它被各式各样的资源影响着，这些几何动机就是源自古埃及、中美洲和南美洲的古代印第安人文化，常用的几个图案有：阳光放射型、闪电型、曲折型、重叠箭头型、星星闪烁型、埃及金字塔型等（图13-17）。

图 13-17　放射状线条切割宝石的胸针

二、新材料的出现

　　装饰艺术运动时期采用新的材料和技术，创造新的形式。多用金属、玻璃等，创建了一种新的室内设计与家具设计的美学价值。同时"装饰艺术"具有鲜明强烈的色彩特征，有自己的特性，特别重视使用强烈的原色和金属色系。像鲜红、鲜黄、鲜蓝、橘红、金、银、铜等（图13-18）。

图 13-18　色彩对比强烈的宝石胸针（梵克雅宝）

此时的珠宝首饰还受到中国、波斯、印度和埃及文化的影响，产生了一系列设计卓越的产品。这些宝石被雕刻成花卉和叶子的形状镶嵌到金属上，设计主题也十分丰富，比如带花盆和花瓶的花卉样式，这唤起了人们对乔治王时期"小花园"珠宝首饰的记忆。不同的是这一时期的瓶子和植物茎秆不再用钻石制作，而是用漆艺或者镶嵌方形玛瑙、祖母绿等宝石作为替代（图 13-19）。

图 13-19　装饰艺术风格的"小花园"首饰

三、埃及元素的复古运用

1922 年，图坦卡蒙墓的发现震惊世界，一个精妙绝伦的古典艺术世界，轰动了欧洲的先进设计师圈子。那些美艳于 3300 年前的绝世古物，特别是图坦卡蒙的金面具，仅有简单的几何图形，却达到高度装饰的艺术效果，这一切都给予了设计师们有力而无限的创作启示，也成为了之后声名鹊起的装饰艺术时期，装饰艺术风格最实用的创意源泉之一。

卡地亚、梵克雅宝等巴黎珠宝商纷纷开始生产"古埃及"主题的首饰，设计带有一系列复杂图案的手镯、胸针及别针，然后镶嵌祖母绿、红宝石、玛瑙和钻石作为装饰。设计师们大胆果敢地使用块状颜色的设计方法，强化装饰艺术的概念，果断地将宝石切割成各种几何形状镶嵌到金属框架之上，让首饰产生强烈的对比效果（图13-20、图13-21）。

图13-20　结合古埃及元素的珠宝首饰（梵克雅宝）

图13-21　仿古埃及风胸饰的项链（卡地亚）

四、打破传统的现代感

装饰艺术运动时期珠宝早期主要由较机械式的、几何的、纯粹装饰的线条来表现，如扇形辐射状的太阳光、齿轮或流线型线条、对称简洁的几何构图等，并以明亮且对比鲜明的颜色来彩绘（图13-22、图13-23）。

图13-22 几何元素组合的装饰艺术风格首饰

图13-23 树状胸针

结合了因工业文化所兴起的机械美学，以较机械式的、纯粹装饰的线条来表现，装饰艺术运动时期珠宝造型设计中多采用几何形状或用折线进行装饰。

受机械美学的影响，以典型的完全一致的对称设计为识别特征的装饰艺术运动时期珠宝，一扫之前烦琐富丽的风格，显露出严谨、稳重、充满现代感的风貌，虽然设计简单、规矩，但却为当年的潮流甚至当今的时尚，平添了一份极具韵律感的视觉冲击。

第十四章

其他地区

＊＊＊＊＊＊＊＊＊＊＊＊＊＊＊◆＊＊＊＊＊＊＊＊＊＊＊＊＊＊＊

不同地区文明有着自己独特的文化特色和手工艺特点，它们曾经相互学习借鉴，将不同文明互相融合。经历了古代文明的衰落和混乱以后，它们之间出现了比以前更为明显的区别。

❧❧❧ 第一节 印度 ❧❧❧

一、工艺与装饰文化

印度艺术风格的演变不仅受形式美自律性法则的支配，而且更受印度宗教、哲学的制约。以印度艺术的两大系统——佛教艺术和印度教艺术为例，佛教注重沉思内省，佛教艺术强调宁静平衡，以静穆和谐为最高境界；印度教崇尚生命活力，印度教艺术追求动态、变化，以激动、夸张为终极目标。晚期大乘佛教被印度教同化蜕变为密教，密教艺术也倾向于繁缛绚烂，并不完全摒弃华丽的装饰。酷爱装饰是印度艺术的传统特色之一，但它们并不完全排斥静态的表现。

印度人有着非凡的石刻工艺，尤其表现在大型的石雕与石刻艺术上，比如埃洛拉石窟神庙、泰姬陵等。在公元 1 世纪左右，印度的铁制品就已成为贸易物品销往希腊等国。精细的织物仅供上层社会使用，粗略的织物为下层人民使用，用于出口的是中档品。印度纺织业的竞争，直接导致了欧洲制造业的工业化。

玉石常常雕刻成一定的器型并镶嵌艳丽的珠宝，形成风格独特的玉石器。象牙与象牙镶嵌工艺制成的家具是印度工匠又一独特的产品。塔克希拉是犍陀罗国的一个大城市，这一地区出土了许多精美、保存完好的黄金首饰，尤其是项链、耳环和戒指，以出色的累珠和镶嵌技术为特色（图14-1）。

图14-1　工艺精湛的印度头巾珠宝

二、珠宝首饰

1. 早期的珠宝首饰

早在公元前4000年的一尊巴基斯坦的小赤陶母神像上，工匠就细致地发现了女神佩戴的珠宝首饰。发源于次大陆西北部的哈拉帕文明中曾留下大量的饰品，包括贵金属珠串、彩釉和半宝石饰品。公元前1000年左右，印度次大陆南部的坟墓中，就已经开始出现十分精美的珠宝首饰。印度人通常会建造佛塔来供放遗物，也会找专人打造金盒放置首饰，遗憾的是很多珍贵的珠宝首饰都没有保存下来。

2. 奢华至极的莫卧儿时期

提起印度的珠宝首饰就不得不提到大名鼎鼎的莫卧儿王朝，这是一个无论男女都佩戴珠宝的奢华时代，甚至武器、盔甲、家具和容器上也装饰满了珠宝。宝石是莫卧儿王朝的主角，而印度当时也正好是主要的宝石产地和交易中心。莫卧儿王朝时期的珠宝首饰除了主角宝石之外，还会广泛采用珐琅技术，珐琅由于跟宝石一样多彩，既便宜又易于加工，所以常常被装饰在首饰背部。虽然在看不见的位置，但莫卧儿王朝的珐琅水准还是相当高的（图14-2、图14-3）。

图14-2　被珠宝包裹的莫卧儿君王沙·贾汗（Shahbuddin Mohammed Shah Jahan）

图14-3　尼扎姆项链

3. 印度珠宝首饰的款式

印度的珠宝首饰主要具有可携带的财富，以及有复杂的巫术与占星方面的意义。孟买、扎佛拉集是银匠、金匠的集聚地，珍贵宝石的不同色彩分别表示不同的自然力量。为了将完美的德行传递给佩戴者，这些宝石都被镶嵌成特定图案。与其他地区不同的是，除了常见款式之外，印度还有一些独有的首饰，比如头巾珠宝和鼻饰，印度的戒指形状也与其他地区有所不同，这些都是受印度服饰搭配影响产生的特殊首饰（图 14-4、图 14-5）。

图 14-4　印度鼻环

图 14-5　拇指戒

　　印度珠宝工匠特别灵活，首先是要遵循固有的民族习俗，另外一个重要的职责，是使材料得到最大限度的展示。印度珠宝业至今还保留着一种特殊的模式，即传统珠宝工艺的市场依然以国内顾客为主，以婚嫁珠宝首饰定制为主，以材料费加手工费这样的模式进行生产销售。印度珠宝匠人受印度社会集聚财富，又炫耀财富的风气支配，同时也受到人们对劳动者技术和专业知识的尊重（图14-6）。

图14-6　印度风格项链

ꮺꕥꙮ　**第二节　日本**　ꙮꕥꮺ

　　日本是亚洲东端的岛国，由本州、四国、九州、北海道四大岛和1000多个小岛组成，古称"八大洲岛"。特殊的地理位置和自然环境，对人们的生活习性和思想情感以及日本工艺文化的特质，都产生了极大影响。

一、工艺与装饰文化

　　手工艺术在日本享有的地位是独一无二的，日本的工艺中有对于质朴和稚拙的崇尚，以及对于自发冲动的崇拜，他们的作品有着清新、清净之美。

　　日本的民间工艺范围很广，如木制品、陶瓷制品、漆器制品等。茶道的体验包括了所有与喝茶仪式有关的器物，包括喝茶的器皿、茶舍、茶室的建筑和装饰等。茶道助长了日本人对简约和质朴的自觉崇拜，闲适恬淡风格的形成，以及人道的品质和表达。日本刀匠有着独到的制刀技术，刀的品质也十分优秀，这些刀具上的装饰也非常精致（图14-7）。

图14-7 武士刀装饰

日本工艺的特点是对于难以掌握材料的巧妙驾驭与创新。在日本，漆器工艺是奢华与劳作的结合，较经典的漆器工艺是"泥金画"，类似于中国的金漆。日本的陶器工艺源于中国，但又有着质朴、清新和自然的风格，代表作是"伊万里陶器"。日本手工艺人被认为是一种桥梁，通过这种桥梁日本工艺与艺术所具有的自然力能被表达出来，手工艺除了会带来实际的工艺外，还是一种道的价值活动。

三、珠宝首饰

日本从7世纪中期开始，首饰基本就被忽略了，戒指、项链和耳环无法在古代的和服上呈现，唯一受重视的饰品就是年轻女孩戴在头上的涂漆发梳、发簪和绢花。从公元前1世纪～3世纪，可能是受到途径朝鲜传入的中国北方玉雕技术的影响，日本出现过一些用宝石、陶土和贝壳制作的耳环和垂饰，从而发展出了水准很高的石雕（图14-8、图14-9）。

图14-8　平安时代的嵌玳瑁象牙梳

图14-9　日本发簪

　　古代日本深受唐朝影响，日本工匠们一边吸收"唐风"的不断输入，一边寻求属于自己的美学之道。奈良时期的很多作品乍看之下像日本制作，但实际上还是唐朝传过来的。直到平安时代，日本实现了由"唐风"向"和风"的转变，开始呈现出独特的风格特征，后来又受佛教和中国宋元文化的影响，呈现出寂静而典雅的风格特征。

第三节　伊斯兰

　　伊斯兰是一种宗教，不是地理学上的区域或集团。伊斯兰工艺与文化，伴随着伊斯兰教在阿拉伯半岛的传播而发展起来。伊斯兰文化融汇有罗马、波斯以及印度和中国的文化，在服从宗教的前提下，发展创新形成了特色鲜明的伊斯兰文化，伊斯兰文化在世界文化史中有着承前启后，沟通东西方文化的历史作用。

一、工艺与装饰文化

伊斯兰工艺艺术在恪守伊斯兰信仰的基础上，采取包容的态度，在宗教理念的前提下，多元而统一是伊斯兰工艺、文化及艺术的特点和本质。伊斯兰最重要的工艺艺术之一就是建筑，它在许多方面包容了其他大部分工艺。伊斯兰建筑具有基本统一的形制，但因地域的广阔与民族的复杂，带有一定的地域性和民族性，形成了统一而多元化的伊斯兰建筑体系，在世界建筑史上独树一帜。

伊斯兰建筑有着华丽到几乎覆盖整个建筑表面的装饰，抽象且极其富有伊斯兰特色的图案与颜色。装饰材料包括瓷砖、大理石等，采用马赛克镶嵌工艺。马赛克镶嵌工艺在伊斯兰以镶嵌画或壁画的建筑装饰艺术形式出现，在其他工艺中也独具风采，是伊斯兰工艺中最主要的表现手法。镶嵌的主要材料有大理石、陶瓷和玻璃等，题材有抽象的图案、动物和植物等（图14-10）。

图14-10　白釉黑彩花草纹陶盘

注重表面复杂错综纹样在伊斯兰纺织品中得到了极大的发挥。带有图案的豪华织物、绒面地毯、各种类型的织锦（地毯和挂毯），花样繁多。伊斯兰纺织品图案的特征，包括：植物与花卉图案（如郁金香、石竹、风信子等当地花卉纹样）和伊斯兰的象征纹样（如"新月""虎纹"等）。典型的伊斯兰图案，通常是大花边饰小花边，造成一种纹样的动感（图14-11）。

图14-11　有放射形花束的大轮光形纹样织物

二、珠宝首饰

　　伊斯兰的金属工艺与金属器皿，在风格上与其他材料制成的器物有着密切的联系，镌刻、镶嵌、覆盖和凸纹装饰技法，都是用来使图案达到必要的密度。"大马士革波纹装饰技法"是伊斯兰金属工艺制品典型的技法，通常是在铁、钢、铜的底子上，刻出密集的交叉线，将金丝或者银丝置于交叉线上锤击，使其附着于底子上形成图案。伊斯兰教的木雕与牙雕常常是互为依存的，两种工艺都展示了一种热衷于材料表面图案的娴熟设计能力（图14-12）。

图14-12 三角形护身符首饰

还有一种用古兰经装饰的珠宝,伊斯兰的书法艺术不但用于经书的抄写,也可用于清真寺的装饰与珠宝首饰的装饰,成为最普及的艺术形式,书法已成为伊斯兰艺术中重要的装饰纹样。库法体字体笔直、方正,棱角分明,具金石感,适合用作刻石和镶嵌。纳斯赫体笔法多曲线,灵动自然,但正式场合使用较少。在伊斯兰装饰中,书法往往与几何纹、植物纹交叠使用,浑然一体,相互映衬,构成伊斯兰艺术中特有的装饰风格及独特的工艺文化内涵。

第四节 非洲

非洲位于亚洲西部、东临印度洋、西临大西洋,北隔地中海与欧洲相望,地形为从东南向西北倾斜的高原,地理环境、气候环境和自然环境多样。非洲是世界上民族最复杂的地区,人口中2/3为黑种人,其余为白种人和黄种人。

一、工艺与装饰文化

非洲的服饰可以分为两类,以北非为主的阿拉伯袍型服装,和以热带非洲为主的裸露式服饰。非洲服饰的主要材料,包括:金属、象牙、贝壳、棉、麻、皮、毛、植物茎、叶、种子等。非洲人的发型、发饰多样，不同的发型和发饰有着不同的美感与意义。文身是非洲人自信、自豪的炫耀资本，非洲文身包括：刺青、疤痕与妆绘等。

非洲的装饰艺术图案还体现在木雕、面具、蜡染等方面，用小型目标来表示祖先或图腾崇拜。面具在非洲是神力的炫耀，也是祖先崇拜的表现，重大仪式场合，面具必须与服装、舞蹈联系在一起，色彩也要与面具一致。

康切（茄）图案，非洲斯瓦斯里的民间服饰图案，有中心花、四个角花、四条边带装饰。大的长方形构成图案的中央部分，四边为带状花边，图案题材有花卉型、几何形状以及佩兹利图案，色彩主要是红色系，色彩鲜艳，纯度高，配色简单。

二、非洲的首饰

非洲的饰品种类繁多，附着于人体与服装，造型各异，几乎涵盖了人体的各个部位。材质主要有：金、银、铜、铁、铝等金属材质，兽皮、植物纤维、根、茎、叶、种子、牙、骨、电线、弹壳等，以及珊瑚、琥珀、玻璃珠等。大部分材料不但是原地产出，就地取材，物尽其用，而且不同的部族对于材质还赋予不同的宗教与文化寓意。

非洲饰品色彩艳丽，但不复杂，红色、蓝色、黄色、赭色使用广泛。首饰中也常有一些特殊的元素符号和寻求庇护的造型，如大卫之星、索罗盾、马耳他十字。非洲有一种十分具有特点的珠串首饰（图14-13、图14-14），是将不同颜色的珠串组合在一起，形成不同的花纹，这种首饰在约鲁巴王室有着重要的地位，这些珠子有时与神明有关系，所以具有宗教仪式作用。鲜艳的颜色强调典礼的重要性，在视觉上产生吸引。这种珠串头饰是国王身份地位的象征，如果国王被拥护者要求取下头冠，那么意味着他将会失去王位，甚至是生命。

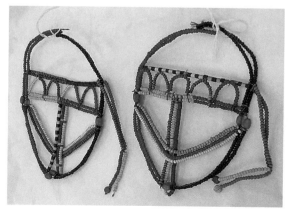

图14-13　马赛人耳饰

图14-14　约鲁巴人项饰

　　非洲饰品主要是当地工匠纯手工制作，也包括从欧洲传来的失蜡法制作，古朴与精致兼备。非洲饰品的佩戴方式多样，不同的佩戴方式有着不同的人文与社会意义，主要取决于部族与宗教文化。

　　非洲饰品具有原始美、自然美、古朴美、本性美等艺术特色。非洲饰品在形式上无论是材料、造型还是图案或色彩等，都达到了人与自然相协调的完美意境，可以说是人与自然和谐共处的饰品观。

　　非洲饰品在内容上极具人文性、精神性、宗教性，非洲饰品既是语言，也是符号，代表着神的旨意、祖先的愿望，也代表着社会地位、富足状况、个人与家庭生活以及个人的态度与观点。非洲饰品多姿多彩，真实、自然、自我，极富表现力，具有强烈的自然个性与地域民族风格（图14-15、图14-16）。

图14-15　桑海项链

图14-16　鳄鱼头手镯

第五节　大洋洲

　　大洋洲位于太平洋，地形分为大陆与岛屿两部分，是世界上人口最少的一个洲

（除南极洲），70% 为欧洲移民，其次为当地居民。

一、工艺与装饰文化

大洋洲人的服装服饰，因国家、地区、民族以及艺术范围的不同有着较大的差异和特征，材料的使用也因为国家、地区和民族不同而用材广泛，种类较多。

马纳，被认为是一种神圣力量的复杂文化思想的一部分，在大洋洲地区，马纳被当作不可见，但拥有强大力量的精神物质。艺术品以及很多东西都可以拥有马纳，部落首领、直系亲属都拥有马纳；其他贵族以及他们的联姻对象也拥有马纳，马纳可以栖息在人体和物品中。

二、大洋洲的饰品

大洋洲的饰品是建立在图腾崇拜与原始宗教的基础上的人体装饰，有着独特的文化内涵。所用材料主要包括：贝壳、龟甲、动物的牙骨和皮毛，石材、木材、竹子、植物纤维等。造型与图案相对简单，椭圆随处可见，图案以几何形为主，也有动物与植物的图案。饰品的制作工艺，主要是纯手工的雕刻与图案的烧灼，植物纤维的编织也是重要的制作方式之一。虽然大洋洲饰物使用的材料多种多样，但是他们不认可金属材质，所以在发现的首饰当中几乎没有金属材质的。

大洋洲的饰品佩戴方式多样，不同的佩戴方式有着不同的意义，在庆典、宗教仪式等重要场合，饰品佩戴更加隆重。大洋洲的饰品质朴，自然体现出一种本质性，呈现出简单的自然美（图 14-17 ~ 图 14-19）。比如马绍尔人喜欢佩戴耳饰、手镯以及贝壳项链；夏威夷人的羽毛制品则十分发达；马克萨斯群岛的木雕和骨雕技术都很出色；毛利人擅长石雕艺术，他们会将玉雕的祖先小雕像随身佩戴。

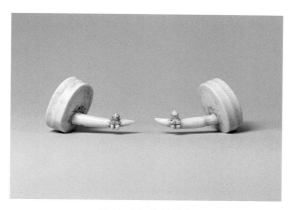

图 14-17　象牙耳饰

图 14-18　瓦努阿图岛项链

图 14-19　巴布亚新几内亚臂饰

❧ 第六节 美洲 ❧

美洲位于地球的西半球，按其文化分布与地理位置，可以分为南美洲、中美洲和北美洲三部分。其中，中美洲的玛雅文明和南美洲的印加文化以及北美洲的印第安文化，都是极具代表性的本地文化。

美洲的饰物，主要是建立在印第安文化与艺术之上的土著民族首饰，有着区别于其他地区特有的首饰风格及文化内涵，是一种土生土长的首饰文化与艺术形式。材料以鸟羽、动物皮革、贝壳、动物角（骨）、石材（绿松石）、木材、玻璃珠、银材等为主。由于在安第斯山区发现了丰富的金银矿藏，印加人的制金工艺十分发达，当时的金属制品和金属首饰都展现出一种独特的风格。整个美洲地区尤其以南美洲地区出土的黄金饰品尤为丰富，被称为"黄金洲"（图14-20）。

图14-20 镶嵌绿松石的黄金耳饰

　　美洲饰品的造型与图案，造型古朴、简洁、率直而大气，图案以鸟类为主，也有几何形，喜用直线构成方式，此外有动物与植物图案。美洲饰品的制作工艺主要是纯手工的制作，有金属加工与镶嵌，羽毛制作技术较高。配色方面以大红、土黄与黑白衬托，朴实明朗。美洲饰品朴实大气，爽朗率直，表现出一种真实的自然美感（图14-21~图14-23）。

图14-21　南美洲鼻饰

图14-22　秃鹫耳饰

图 14-23 黄金项链

参考文献

[1] 李芽，等 . 中国古代首饰史 [M]. 南京：江苏凤凰文艺出版社，2020.

[2] 扬之水 . 奢华之色——宋元明金银器研究 卷一 宋元金银首饰 [M]. 上海：中华书局，2018.

[3] 故宫博物院 . 清宫后妃首饰图典 [M]. 北京：故宫出版社，2012.

[4] 高春明 . 中国服饰名物考 [M]. 上海：上海文化出版社，2001.

[5] 黄能馥，陈娟娟，等 . 中国服饰史 [M]. 上海：上海人民出版社，2004.

[6] 张静，齐东方 . 古代金银器 [M]. 北京：文物出版社，2008.

[7] 范杰 . 大汶口文化束发器作用新探 [J]. 重庆文理学院学报：社会科学版，2018，37（05）：57-63.

[8] 陈东杰，李芽 . 中国原始社会耳饰研究 [J]. 中原文物，2012（02）：48-53.

[9] 朱佳芳 . 宋元时期首饰发展 [J]. 群文天地，2012（11）：175-176.

[10] 扬之水 . "繁花到底"——明藩王墓出土金银首饰丛考 [J]. 中国国家博物馆刊，2016（08）：68-98.

[11] 刘洋，赵梓涵，丁园，等 . 探玉翠赏凤池——浅析清代满族女性头饰 [J]. 设计，2015（11）：95-96.

[12] 朱亚光 . 浅谈清代宫廷首饰——以清东陵被追缴文物为例 [J]. 科教汇，2020（02）：168-170.

[13] 橘玄雅 . 旗人女性的首饰 [J]. 紫禁城，2016（07）：86-99.

[14] 朱亚光 . 清代钿子的形成 [J]. 中国国家博物馆馆刊，2020（07）：50-63.

[15] 许晓东 . 契丹人的金玉首饰 [J]. 故宫博物院院刊，2007（06）：32-47.

[16] 扬之水 . 南方宋墓出土金银首饰的类型与样式 [J]. 考古与文物，2006（04）：79-91.

[17] 肖梦龙 . 试谈宋代金银器的造型和装饰艺术 [J]. 文物，1986（05）：81-85.

[18] 金柏东，林鞍钢 . 浙江永嘉发现宋代窖藏银器 [J]. 文物，1984（05）：82-85.

[19] 河南省文物研究所，等 . 三门峡上村岭虢国墓地 M2001 发掘简报 [J]. 华夏考古，1992（03）：104-113.

[20] 赵爱军 . 试论匈奴民族的金银器 [J]. 北方文物，2002（04）：14-20.

[21] 马乐丹 . 唐代贵族女性首服初探 [J]. 汉字文化，2017（09）：62-64.

[22] 谢西川 . 从首饰用具看唐代服饰文化 [J]. 沧桑，2008（03）：48-49.

[23]（英）休·泰特 .7000 年珠宝 [M]. 朱怡芳，译 . 北京：中国友谊出版公司，2019.

[24]（英）休·泰特 . 世界顶级珠宝揭秘 [M]. 陈早，译 . 昆明：云南大学出版社，2010.

[25]（英）约翰·本杰明 . 欧洲古董首饰收藏 [M]. 杨柳，任伟，译 . 北京：社会科学文献出版社·当代世界
     出版分社，2018.

[26]（英）苏珊·拉·尼斯 . 金子一部社会史 [M]. 汪瑞，译 . 北京：北京大学出版社，2017.

[27]（英）戴安娜·斯卡里斯布里克 . 戒指之美 [M]. 全余音，等，译 . 北京：中国轻工业出版社，2020.

[28]（英）克莱尔·菲利普斯 . 珠宝圣经 [M]. 别智韬，柴晓，译 . 北京：中国轻工业出版社，2019.

[29] 史永，贺贝 . 珠宝简史 [M]. 北京：商务印书馆，2018.

[30] 蒋勋 . 写给大家的西方美术史 [M]. 长沙：湖南美术出版社，2016.

[31]（英）J.R. 哈里斯（J.R.Harris）. 埃及的遗产 [M]. 田明，译 . 上海：上海人民出版社，2006.

[32] 张夫也 . 全彩西方工艺美术史 [M]. 银川：宁夏人民出版社，2003.

[33] 张夫也 . 全彩东方工艺美术史 [M]. 银川：宁夏人民出版社，2003.

[34] （美）布莉尔，苏珊娜·普莱斯顿 . 非洲王室艺术 [M]. 刘根洪，周师迅，译 . 桂林 : 广西师范大学出版社，2004.

[35] 张荣生 . 大洋洲艺术 [M]. 石家庄 : 河北教育出版社，2003.

[36] 王其钧 . 美洲美术：淡漠的痕迹 [M]. 重庆 : 重庆出版社，2010.